20个

关于臭氧层的问题与答案

2022年更新版

［美］罗斯·J.萨拉维奇（Ross J. Salawitch）等 ｜ 编

生态环境部大气环境司 ｜ 译
生态环境部国际合作司

中国环境出版集团·北京

图书在版编目（CIP）数据

　　20个关于臭氧层的问题与答案：2022年更新版 /
（美）罗斯·J. 萨拉维奇 (Ross J. Salawitch) 等编 ; 生
态环境部大气环境司，生态环境部国际合作司译 .
北京：中国环境出版集团，2024. 10. -- ISBN 978-7
-5111-6030-0

　　Ⅰ . P421.33-44

　　中国国家版本馆 CIP 数据核字第 2024EP7935 号

责任编辑　韩　睿
封面设计　彭　杉

出版发行　**中国环境出版集团**
　　　　　　（100062　北京市东城区广渠门内大街 16 号）
　　　　　　网　　址：http://www.cesp.com.cn
　　　　　　电子邮箱：bjgl@cesp.com.cn
　　　　　　联系电话：010-67112765（编辑管理部）
　　　　　　　　　　　010-67112736（第五分社）
　　　　　　发行热线：010-67125803，010-67113405（传真）
印　　刷　北京中献拓方科技发展有限公司
经　　销　各地新华书店
版　　次　2024 年 10 月第 1 版
印　　次　2024 年 10 月第 1 次印刷
开　　本　787×1092　1/16
印　　张　10.5
字　　数　139 千字
定　　价　72.00 元

中国环境出版集团郑重承诺：
中国环境出版集团合作的印刷单位、材料单位均具有中国环境标志产品认证。

20 个关于臭氧层的问题与答案

(2022 年更新版)

首席作者

Ross J. Salawitch

共同作者

Laura A. McBride

Chelsea R. Thompson

Eric L. Fleming

Richard L. McKenzie

Karen H. Rosenlof

Sarah J. Doherty

David W. Fahey

译者指导委员会

主　任: 李天威　　周国梅

副主任: 石晓群　　陈海君　　李永红

　　　　　 胡建信

委　员: 董文福　　姚　薇　　尚舒文

译 者 委 员 会

负 责 人: 董文福　　胡建信

正文翻译: 张　旭　　赵星辰

图 翻 译: 陈子薇

中文校对（按照章节顺序）**:**

　　　　　 姚　波　　方雪坤

　　　　　 俞鹏飞　　吴　婧

　　　　　 白富丽

前言
PREFACE

　　《20个关于臭氧层的问题与答案（2022年更新版）》是《臭氧损耗科学评估：2022年》报告的组成部分。该报告由《关于消耗臭氧层物质的蒙特利尔议定书》（以下简称《蒙特利尔议定书》）科学评估小组每4年编写一次[*]。2022年更新版的二十个问答是对2002年评估报告中原始版本的第5次更新。这本科学出版物主要讲述了臭氧损耗、消耗臭氧层物质和《蒙特利尔议定书》的成功实施等内容。本书以问答形式将叙述内容分为多个主题，供专家和非专家读者单独阅读和研究。从最基本的概念（例如，臭氧是什么？）到最新的发展（例如，《基加利修正案》），主题中均有所涉及。每个问题的开头都有一个简短的答案，然后是一个更长、更全面的答案。图表通过说明关键概念和结果来加强叙述效果。本书主要基于2022年评估报告和之前的评估报告中介绍的科学成果，并经过科学家和非专业人士的广泛审核，以确保质量和可读性。

　　我们希望读者能发现本版本二十个问答在宣传臭氧损耗的科学依据方面以及《蒙特利尔议定书》在保护臭氧层和气候方面所取得的成就具有重要价值。

科学评估小组共同主席：

David W. Fahey, Paul A. Newman, John A. Pyle 和 Bonfils Safari

---

[*] https://ozone.unep.org/science/assessment/sap.

目录
CONTENTS

引 言

　　臭氧在大气中的含量很少。然而，臭氧对人类福祉以及农业和生态系统的可持续性至关重要。地球上的大部分臭氧存在于平流层，即距离地表超过 10 千米的大气层。平流层中的"臭氧层"含有约 90% 的大气臭氧，该臭氧层保护着地球表面免受太阳发出的有害紫外线的辐射。

---

　　20 世纪 70 年代中期，科学家们发现人类生产的某些化学物质可能会导致平流层臭氧层损耗，从而增加地球表面的紫外线辐射，进一步导致皮肤癌和白内障的发病率上升，抑制人类的免疫系统，并对农业以及陆地和海洋生态系统产生不利影响。

　　发现这一环境问题后，研究人员试图更深入地了解臭氧层所面临的这一威胁。监测站显示，大气中氟氯化碳（CFCs）等消耗臭氧层物质（ODS）气体的含量正在稳步增加。这些趋势与 CFCs 和其他 ODS 的生产和使用的不断增加有关。这些 ODS 用于喷雾罐推进剂、制冷及空调、泡沫发泡、工业清洁和其他用途等。实验室和大气中的测量结果表征了与臭氧损耗有关的化学反应。利用这些信息建立的大气计算机模型被用来模拟已经发生的臭氧损耗程度，并预测未来可能发生的损耗程度。

　　20 世纪 80 年代中期，对臭氧层的观测结果表明，臭氧损耗确实正在发生。令人们意想不到的是，最严重的臭氧损耗每年春季都会在南极上空反复出现。由于臭氧损耗量非常大，而且是局部性的，因此这一区域的臭氧损耗通常被称为"臭氧空洞"。在全球其他地区，如北极、中纬度地区的北部和南部，也观察到臭氧层变薄的现象。

全世界众多科学家的工作使我们对臭氧损耗过程有了广泛而扎实的科学认识。有了这一基础，我们知道臭氧损耗一直在发生，也了解了其原因。最重要的是，我们知道，如果最强效的 ODS 继续排放且在大气中的含量持续增加，其结果将是臭氧层的进一步损耗。

1985 年 3 月，世界各国政府通过了《保护臭氧层维也纳公约》（以下简称《维也纳公约》），以应对臭氧损耗日益加剧的前景。《维也纳公约》提供了一个框架，各国通过该框架同意采取适当的措施以保护人类健康和环境免受臭氧损耗的影响，包括在系统观测、研究和信息交流方面开展合作。1987 年，这一框架促成了《蒙特利尔议定书》，这是一项旨在控制 CFCs 和其他 ODS 的生产和消费的国际条约。由于各缔约方广泛遵守《蒙特利尔议定书》及随后的修正案和调整方案，以及工业界开发和使用"臭氧友好型"替代品以取代各类 CFCs，全球大气中 ODS 的总累积量已开始减少。

CFCs 的替代分为两个阶段：第一阶段是使用氟氯烃（HCFCs），与 CFCs 相比，它对臭氧层的损耗要小得多；第二阶段是引入不会消耗臭氧的氢氟碳化物（HFCs）。因此，全球臭氧损耗已趋于稳定，并且臭氧层恢复的初步迹象正被观察到。如果继续履约，预计到 21 世纪中叶，臭氧层将得到实质性恢复。9 月 16 日是《蒙特利尔议定书》达成协议的日子，被定为"国际臭氧层保护日"。《蒙特利尔议定书》还减少了导致全球变暖的人为因素，因为许多 CFCs 和 HFCs 都是强效温室气体（GHG）。

对《蒙特利尔议定书》的修正和调整过程是一个极其重要的方面，它使议定书能够随着我们科学认识的成熟而不断发展，并解决出现的新问题。1990—2007 年，在伦敦、哥本哈根、维也纳、北京和蒙特利尔举行的会议上对《蒙特利尔议定书》进行了修正和调整（见问题 14）。最新的修正案是在 2016 年 10 月于卢旺达基加利举行的《蒙特利尔议定书》缔约方会议上制定的。为保护未来气候，《基加利修正案》逐步减少了未来全球某些 HFCs 的生产和消费，这是《蒙特利尔议定书》的一个新的重要里程碑（见问题 19）。《基加利修正案》是根据未来几十年全球 HFCs 使用量大幅增加的预测制定的。该修正案对 HFCs 的控制标志着《蒙特利尔议定书》首次通过了专门用于保护气候的控制措施。

履行《蒙特利尔议定书》对臭氧层和气候的保护是一个取得显著成就的故事：涵盖了发现、理解、决定、行动和核查。这是一个由科学家、技术专家、经济学家、法律专家和政策制定者等多方共同谱写的成功故事，其中持续的对话是关键因素。与平流层臭氧损耗科学、国际科学评估和《蒙特利尔议定书》有关的里程碑事件表见图 0-1。

为了帮助传达对《蒙特利尔议定书》、ODS 和臭氧损耗的广泛理解，以及这些主题与温室气体和全球变暖的关系，作为《臭氧损耗科学评估：2022 年》的一部分，本书通过 20 个图文并茂的问题和答案描述了这一科学的现状。这些问题和答案涉及大气臭氧的性质、导致臭氧损耗的化学物质、全球和极地臭氧损耗是如何发生的、臭氧损耗的程度、《蒙特利尔议定书》的成就、臭氧层的未来前景，以及《基加利修正案》目前针对气候变化提供的保护。计算机模型预测显示，二氧化碳（CO_2）、甲烷（CH_4）和氧化亚氮（N_2O）等温室气体在未来几十年对全球臭氧的影响将会越来越大，鉴于预计未来大气中 ODS 的丰度将会下降，在某些情况下，到 21 世纪中叶它们对臭氧的影响可能超过 ODS。

对于每个问题，本书首先给出简要答案，然后展开叙述详细答案。这些答案基于 2022 年和 2022 年之前的评估报告以及其他国际科学评估报告中提供的信息。这些报告和此处提供的答案是由众多国际科学家编写和审查的，他们都是与平流层臭氧和气候科学相关的不同研究领域的专家。

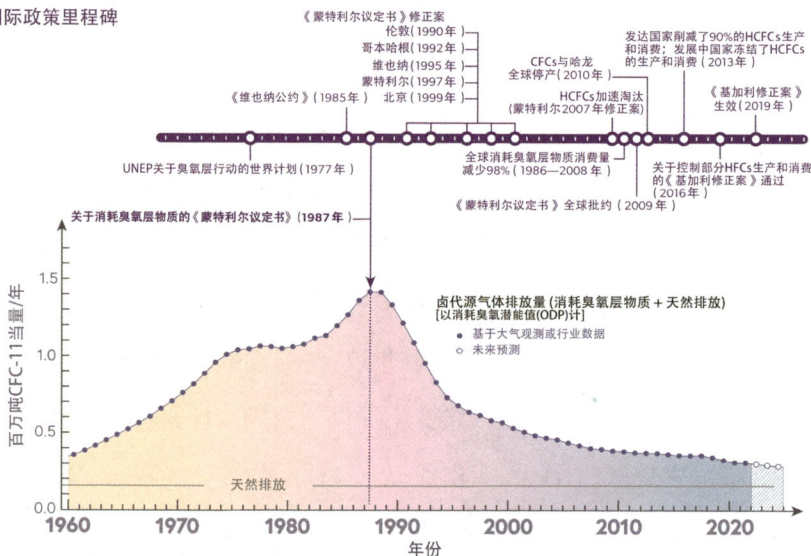

图 0-1　平流层臭氧损耗的科学和政策里程碑

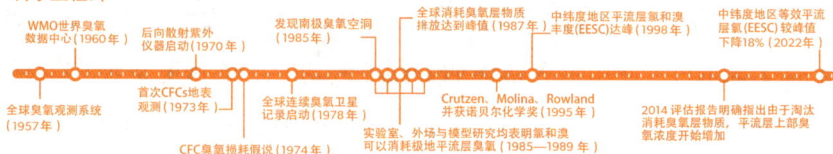

本时间轴重点介绍了与臭氧损耗历史相关的里程碑事件。这些事件包括了重要的科学发现、国际科学评估的完成以及《蒙特利尔议定书》的政策里程碑。

科学里程碑　作为国际地球物理年的一部分，1957 年启动了全球范围内的地面臭氧测量站网络。自 20 世纪 70 年代初以来，对臭氧、CFCs 和其他 ODS 的大气观测次数已大幅增加。1985 年发现南极臭氧空洞后，社会各界做了巨大努力，在几年内确定了这一现象是由人类释放的各种氯和溴化合物造成的。这些化合物的全球总排放量在 1987 年达到顶峰，这一年签署了《蒙特利尔议定书》。1995 年的诺贝尔化学奖就是为 1974 年发现 CFCs 对全球臭氧层构成威胁的研究而颁发的。该图显示了每年 ODS 总排放量与卤代源气体天然排放量的历史和近

期前景。在经过几十年的稳定增加后，根据其消耗臭氧潜能值加权计算，排放量在 20 世纪 80 年代末达到峰值。从 20 世纪 80 年代末至今，由于《蒙特利尔议定书》及其随后的修正案和调整方案生效，排放量已大幅减少（见问题 14）。平流层卤素总含量在 20 世纪 90 年代末达到峰值，随后缓慢而稳定地下降（见问题 15）。2015 年前后，科学家证明了平流层上层臭氧丰度的上升（始于 20 世纪 90 年代末）是由《蒙特利尔议定书》的实施而导致的平流层氯负荷下降引起的。到 2022 年年底，平流层卤素含量比峰值减少了 18%（见问题 15）。

国际科学评估　《蒙特利尔议定书》的条款及其修正案和调整方案依赖于 1989 年以来在联合国环境规划署和世界气象组织的支持下定期编制的国际臭氧损耗科学评估报告中所包含的信息。这些评估将从正在进行的观测、建模研究和分析中获得的新知识纳入一份报告，旨在反映对人类活动如何影响臭氧层的最新科学认识。

国际政策里程碑　建立在《维也纳公约》框架基础上的《蒙特利尔议定书》于 1987 年 9 月 16 日签署。根据《蒙特利尔议定书》，2010 年 1 月起 CFCs 和哈龙被禁止生产，但有几项极小的豁免。2013 年 1 月，HCFCs 生产和消费的冻结措施对所有国家生效。2016 年 10 月，《基加利修正案》将 HFCs 的未来生产纳入了《蒙特利尔议定书》的管辖范围（见问题 19）。

卤素一词是指元素周期表第 7A 族中的氟元素、氯元素、溴元素、碘元素和砹元素。除非另有说明，此处及全文中的卤素均指氯元素和溴元素，因为含有这两种卤素的源气体构成了《蒙特利尔议定书》所管控的 ODS。

EESC：等效平流层氯 | IPCC：政府间气候变化专门委员会 | ODS：消耗臭氧层物质 | TEAP：技术和经济评估小组 | UNEP：联合国环境规划署 | WMO：世界气象组织

第一部分 大气中的臭氧

Part 1 Ozone in Our Atmosphere

问题 1. 臭氧是什么？它是如何形成的？它在大气中的什么位置？

臭氧是一种天然存在于大气中的气体。每个臭氧分子含有三个氧原子，化学式为 O_3。臭氧主要存在于大气的两个区域。地球上大约 10% 的臭氧存在于对流层，对流层从地表一直延伸到 10～15 千米的高度。地球上约 90% 的臭氧存在于平流层，即从对流层顶部到大约 50 千米高度的大气区域。平流层中臭氧含量最高的部分通常被称为"臭氧层"。在整个大气层中，臭氧是由阳光引发的多步化学过程形成的。在平流层，这一过程始于氧分子（O_2）被太阳紫外线辐射分解。在对流层中，臭氧是由一系列不同的化学反应形成的，这些反应涉及天然气体以及来自空气污染源的气体。

臭氧是一种天然存在于大气中的气体。臭氧的化学式为 O_3，一个臭氧分子中含有三个氧原子（图 1-1）。臭氧是 19 世纪中期在实验室实验中发现的。后来，人们利用化学和光学测量方法在大气中发现了臭氧的存在。臭氧一词源于希腊语 ὄζειν（ozein），意思是"气味"。臭氧具有刺激性气味，即使含量很低也能被检测到。臭氧会迅速与许多化学物质发生反应，浓度过高时会产生爆炸。在空气和水的净化及纺织品和食品的漂

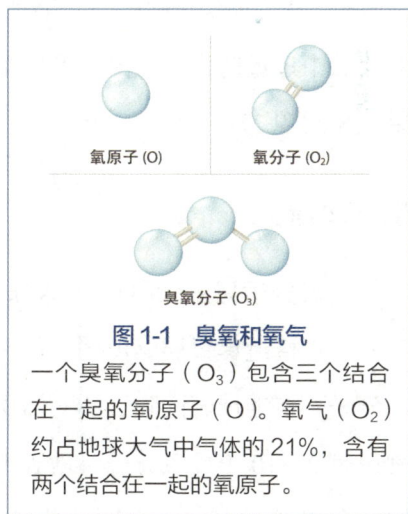

图 1-1　臭氧和氧气
一个臭氧分子（O_3）包含三个结合在一起的氧原子（O）。氧气（O_2）约占地球大气中气体的 21%，含有两个结合在一起的氧原子。

白等工业过程中常通过放电产生臭氧。

臭氧的位置

大部分臭氧（约 90%）存在于平流层中，平流层从地球表面上方 10～15 千米处开始，一直延伸到约 50 千米的高度。臭氧浓度最高的平流层区域位于海拔 15～35 千米处，通常被称为"臭氧层"（图 1-2）。平流层臭氧层覆盖了整个地球，其高度和厚度存在一定差异。剩余的臭氧大部分（约 10%）存在于对流层，对流层是大气的最底层，位于地球表面和平流层之间。对流层空气是"我们呼吸的空气"，因此，对流层中过量的臭氧会产生有害后果（见问题 2）。

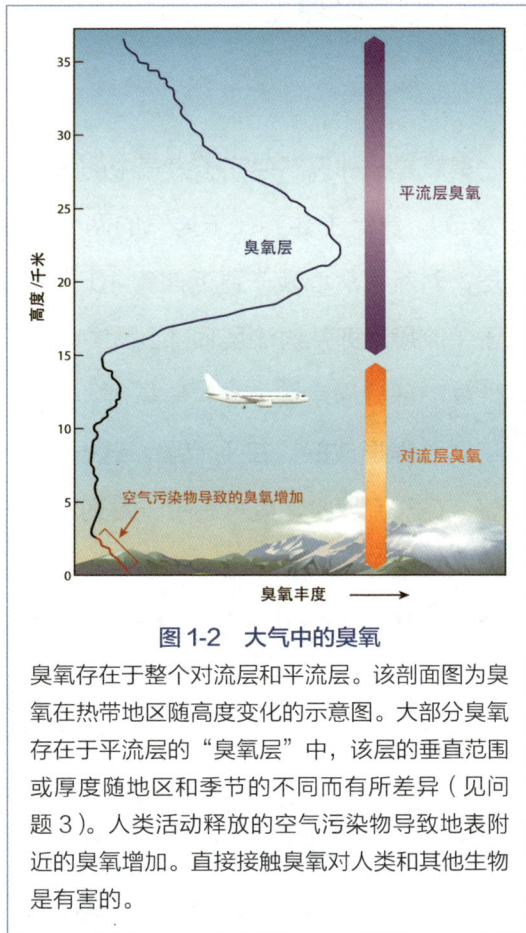

图 1-2 大气中的臭氧

臭氧存在于整个对流层和平流层。该剖面图为臭氧在热带地区随高度变化的示意图。大部分臭氧存在于平流层的"臭氧层"中，该层的垂直范围或厚度随地区和季节的不同而有所差异（见问题 3）。人类活动释放的空气污染物导致地表附近的臭氧增加。直接接触臭氧对人类和其他生物是有害的。

臭氧丰度

臭氧分子只占大气中气体分子的一小部分。大多数空气分子是氧气或氮气（N_2）。在接近臭氧层峰值浓度的平流层中，通常每一亿个空气分子中有几百个臭氧分子。在地球表面附近的对流层中，臭氧的数量更少，每一亿个空气分子中通常只有 2～10 个臭氧分子。地表附近臭氧值最高的地方在受人类活动污染的空气中。在本书中，"丰度"一词指的是大气中某种气体或其他物理量的浓度或数量。

为了说明臭氧在大气中的相对丰度较低，我们可以想象将对流层和平流层中的所有臭氧分子带到地球表面，形成一个覆盖全球的纯臭氧层。由此产生的气层平均厚度约为 3 毫米，科学家将其报告为 300 多布森单位（见问题 3）。然而，大气层中这极小的一部分臭氧在保护地球生命方面发挥着至关重要的作用（见问题 2）。

平流层臭氧

平流层臭氧是通过太阳紫外线辐射（阳光）和氧分子（约占大气的 21%）的化学反应自然形成的。第一步，太阳紫外线辐射分解一个氧分子（O_2），产生两个氧原子（2O）（图 1-3）。第二步，每个高反应性氧原子与一个氧分子结合，生成一个臭氧分子（O_3）。只要平流层中存在太阳紫外线辐射，这些反应就会不断发生。因此，最大的臭氧生成发生在热带平流层。

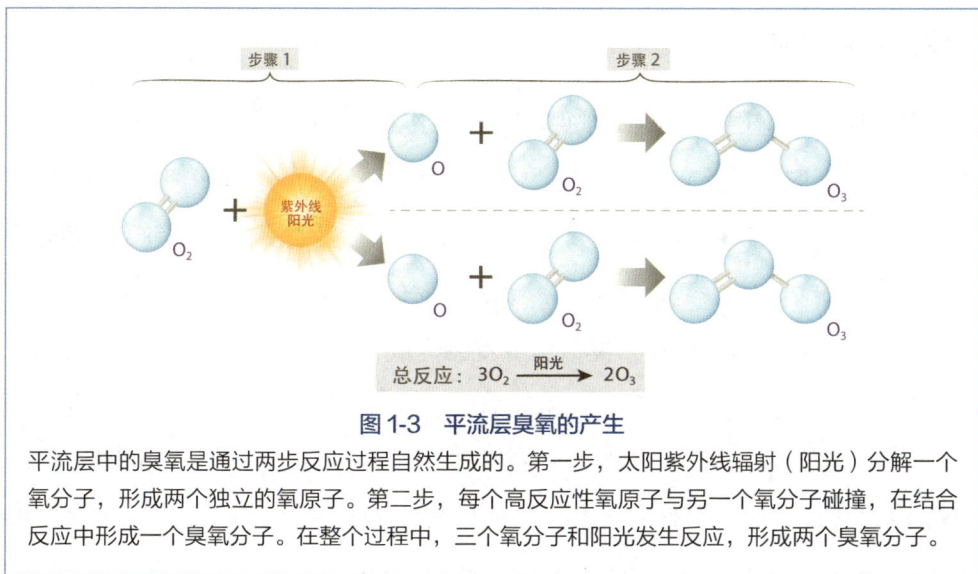

图 1-3 平流层臭氧的产生

平流层中的臭氧是通过两步反应过程自然生成的。第一步，太阳紫外线辐射（阳光）分解一个氧分子，形成两个独立的氧原子。第二步，每个高反应性氧原子与另一个氧分子碰撞，在结合反应中形成一个臭氧分子。在整个过程中，三个氧分子和阳光发生反应，形成两个臭氧分子。

平流层臭氧的生成与它在化学反应中的消除相平衡。臭氧在平流层中不断与阳光以及各种天然和人为生产的化学物质发生反应。在每次反应中，都会损失一个臭氧分子，并产生其他化学物质。损耗臭氧的重要反应气体是氢气和氮氧化物以及含氯和溴的气体（见问题 7）。一些平流层臭氧有规律地向下输送到对流层，偶尔会影响地球表面的臭氧量。

对流层臭氧

在地球表面附近，臭氧是由天然来源和人类活动排放到大气中的气体发生化学反应而产生的。对流层中的臭氧主要由碳氢化合物和氮氧化物气体反应生成，且都需要阳光才能完成。化石燃料燃烧和森林砍伐是导致对流层臭氧生成的主要因素。与平流层一样，对流层中的臭氧也会被自然发生的化学反应和人类生产的化学物质消除。对流层臭氧也可以在与各种表面（例如土壤表面和植物表面）发生反应时被消除。

化学过程的平衡

平流层和对流层中的臭氧丰度取决于产生和消除臭氧的化学过程之间的平衡。这种平衡取决于反应性气体的数量，以及各种反应的速率如何随阳光强度、大气中的位置、温度和其他因素而变化。当大气条件发生变化，有利于在某地发生产生臭氧的反应时，臭氧丰度就会增加。同样，如果大气条件发生变化，有利于发生其他损耗臭氧的反应，臭氧丰度就会降低。臭氧生成和消除反应的平衡，再加上大气中的空气运动，将具有不同臭氧丰度的空气进行输送和混合，决定了臭氧在全球范围内几天到几个月的时间尺度上的分布（见问题 3）。20 世纪 70 年代到 90 年代末，全球平流层臭氧有所减少（见问题 12 和问题 13），原因是人类活动导致平流层中含有氯和溴的反应性气体的数量增加（见问题 6 和问题 15）。

问题 2. 我们为什么要关注大气中的臭氧？

平流层中的臭氧吸收了大部分对生物有害的太阳紫外线辐射。由于这种有益作用，平流层臭氧被认为是"好"臭氧。相反，在地球表面形成的超过自然数量的臭氧被认为是"坏"臭氧，因为这种气体对人类、植物和动物有害。

平流层中的臭氧（"好"臭氧）

平流层臭氧被认为对人类和其他生命形式有益，因为臭氧可以吸收来自太阳的紫外线（UV）辐射（图 2-1）。太阳发出的紫外线辐射被科学家分为三个波长范围：UV-C（波长介于 100 纳米和 280 纳米之间）、UV-B（波长介于 280 纳米和 315 纳米之间）和 UV-A（波长介于 315 纳米和 400 纳米之间）。人眼无法看到太阳紫外线辐射，其波长越短，能量越高。暴露在高能量的 UV-C 辐射中对所有生命体都特别危险。幸运的是，UV-C 辐射在臭氧层中被完全吸收。太阳发出的大部分 UV-B 辐射被臭氧层吸收，其余的到达地球表面。对于人类来说，UV-B 辐射暴露的增加会增加患皮肤癌和白内障的风险，并抑制免疫系统。成年以前暴露于 UV-B 辐射和累积暴露都是重要的健康风险因素。过量的 UV-B 辐射也会损害陆生植物，包括农作物、单细胞生物和水生生态系统。低能量的紫外线辐射（UV-A）不会被臭氧层大量吸收，此类辐射会导致皮肤过早老化。

保护平流层臭氧

20 世纪 70 年代中期，人们发现人类活动释放的含有氯原子和溴原子的气体会导致平流层臭氧损耗（见问题 5 和问题 6）。这些气体被称为卤代气体，也被称为 ODS，它们在到达平流层后会通过化学反应释放出氯原子和溴原子。臭氧损耗会增加地表 UV-B 辐射，使其超过自然产生的量。国际社会通过控制 ODS 的生产和消费，成功地保护了臭氧层（见问题 14 和问题 15）。

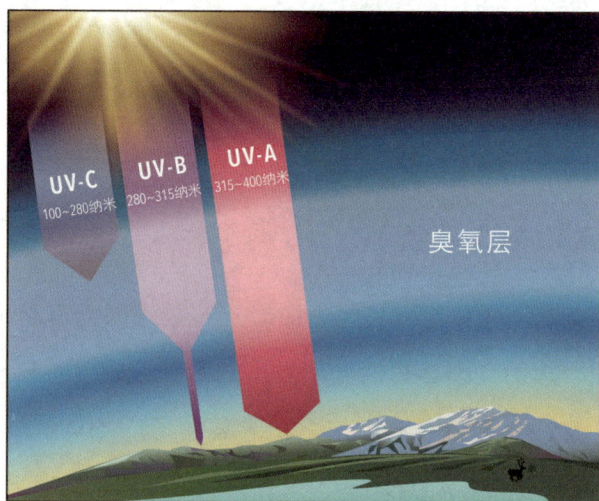

图 2-1　平流层臭氧层对紫外线的防护

臭氧层位于平流层，环绕着整个地球。太阳发出的紫外线（UV）辐射到达臭氧层顶部，科学家根据波长对其进行分类。太阳 UV-C 辐射（波长介于 100 纳米和 280 纳米之间）对人类和其他生物的伤害极大；UV-C 辐射在臭氧层中被完全吸收。太阳 UV-B 辐射（波长介于 280 纳米和 315 纳米之间）仅被部分吸收，因此人类和其他生物会暴露于部分 UV-B 辐射下。过度暴露于 UV-B 辐射下会增加人类患皮肤癌和白内障的风险，并抑制免疫系统，还会损害陆生植物、单细胞生物及水生生态系统。UV-A 辐射（波长介于 315 纳米和 400 纳米之间）、可见光和其他波长的太阳辐射只能被臭氧层微弱地吸收。暴露于 UV-A 辐射与皮肤过早老化和某些皮肤癌有关。臭氧层的损耗主要会增加到达地表的 UV-B 辐射量（见问题 16）。《蒙特利尔议定书》的一个主要目标是避免臭氧层损耗，从而降低人类的 UV-B 辐射暴露风险。

[单位"纳米"（nm）是衡量光波长的常用单位：1 纳米等于十亿分之一（10^{-9}）米]。

对流层中的臭氧（"坏"臭氧）

地球表面附近超过自然水平的臭氧被视为有害臭氧（图 1-2）。超过自然水平的地表臭氧是由人类活动排放的空气污染物反应形成的，如氮氧化物（NO_x）、一氧化碳（CO）和各种碳氢化合物（含氢原子、碳原子和氧原子的气体）。臭氧浓度高于自然水平时，会对人类、植物和其他生物系统造成危害，因为臭氧会发生剧烈反应，破坏或改变构成生物组织的分子。空气污染造成的地表臭氧增强会降低作物产量并抑制森林生长。对于人体而言，暴露于高浓度的臭氧中会降低肺活量，引起胸痛、喉咙不适和咳嗽，并使原有的与心脏和肺部有关的健康状况恶化。此外，对流层臭氧的增加会导致地球表面变暖，因为臭氧是一种温室气体（见问题 17）。对流层臭氧过量带来的负面影响与保护平流层臭氧的天然丰度所提供的免受有害紫外线辐射的保护形成鲜明对比。

减少对流层臭氧

限制某些常见污染物的排放可以减少地球表面附近过量臭氧的产生，过量的地表臭氧会对人类、植物和动物造成影响。污染物的主要来源包括交通、供暖和工业活动消耗化石燃料相对集中的大城市，依赖煤炭、石油或天然气的发电厂，以及砍伐森林、野火和为农业而焚烧的草原。全球许多计划都成功地减少或限制了导致地球表面产生过量臭氧的污染物的排放。

天然臭氧

在没有人类活动的情况下，臭氧仍然会存在于地球表面附近以及整个对流层和平流层中，因为臭氧是清洁大气的天然组成部分。生物圈的天然排放物（主要来自树木）参与了产生臭氧的化学反应。大气中的臭氧除吸收紫外线辐射外，还具有重要的生态作用。例如，臭氧可以通过化学反应清除许多污染物和一些温室气体，如 CH_4。此外，臭氧对太阳紫外线辐射以及可见光和红外线辐射的吸收是平流层的天然热源，导致温度随海拔高度的升高而升高。平流层的温度会影响臭氧生成和消除过程的平衡（见问题 1），以及在整个平流层重新分配臭氧的空气运动（见问题 3）。

问题 3. 全球臭氧总量是如何分布的?

地球上臭氧总量的分布随地理位置以及每日和季节的时间尺度而变化。这些变化是由平流层和对流层空气的大尺度运动以及臭氧的化学生成和消除造成的。臭氧总量通常在赤道地区最低,在中纬度和极地地区最高。

臭氧柱总量

全球任何位置的臭氧柱总量是指该位置正上方大气中所有臭氧的总和。大部分臭氧位于平流层臭氧层中,小部分(5%~10%)分布于对流层中(见问题 1)。臭氧柱总量通常以多布森单位(DU)报告。全球臭氧柱总量的典型值在 200~500 多布森单位之间变化,平均丰度约为 300 多布森单位(图 3-1)。如果能够将臭氧柱总量达到 300 多布森单位所需的臭氧分子分离并压缩,就可以在地球表面形成一层厚度仅为 3 毫米的纯臭氧气体层(见问题 1),大约相当于两枚普通硬币的厚度。值得注意的是,仅 3 毫米厚的纯臭氧层可以保护地球表面的生物免受太阳发出的大部分有害紫外线辐射的伤害(见问题 2)。

全球分布

在全球范围内,臭氧总量随纬度变化很大。在一年中的大部分时间里,中高纬度地区的臭氧总量最大(图 3-1)。这种分布是平流层中大尺度空气环流的结果,这种环流将富含臭氧的空气从太阳紫外线辐射产生臭氧最多的热带高海拔地区向两极缓慢输送。臭氧在中高纬度地区积聚,增加了臭氧层的垂直范围，同时增加了臭氧总量。一般来说，热带地区的臭氧总量在任何季节都是最小的。自 20 世纪 80 年代中期以来，一个例外情况是南半球春季南极上空的臭氧值较低，这一现象被称为南极"臭氧空洞"（图 3-1，深蓝色；见问题 10 和问题 11）。

季节分布

臭氧总量也随季节而变化，如图 3-1 所示，臭氧总量的两周平均值来自 2021 年的卫星观测数据。3 月的图代表北半球的早春和南半球的秋季；6 月的图代表北半球的初夏和南半球的初冬；9 月的图代表北半球的秋季和南半球的早春；12 月的图代表北半球的初冬和南半球的初夏。在春季，臭氧总量在北半球 45°N 以北和南半球 45°S～60°S 出现最大值。这些春季最大值是由于在深秋和冬季期间，臭氧从热带源区向高纬度地区的输送量增加所致。这种向极地的臭氧输送在夏季和初秋时要弱得多，在南半球总体上也弱得多。

如图 3-1 所示，在北半球可以清楚地观察到这种自然的季节循环，北极地区的臭氧总量在冬季不断增加，在春季出现明显的最大值，从夏季到秋季臭氧总量不断减少。然而，在南极地区观测到的臭氧总量在春季明显最小。这种最小值被称为"臭氧空洞"，它是由被称为消耗臭氧层物质的污染物在春季对臭氧的大范围化学损耗造成的（见问题 5 和问题 10）。20 世纪 70 年代末，即在每年出现臭氧空洞之前，南极春季的臭氧值比目前观测到的臭氧值高得多（见问题 10）。目前，全球所有季节的臭氧总量最低值出现在南极的早春（图 3-1）。春季过后，随着极地空气与含有大量臭氧的低纬度空气混合，南极地区的臭氧总量得到一定的恢复，臭氧总量图上的低值区域（紫色）会逐渐消失。

在热带地区，臭氧总量随季节变化的幅度比高纬度地区小得多。出现这一特征的原因是，与高纬度地区相比，热带地区阳光和臭氧传输的季节性变化要小得多。

在北半球，中纬度地区的臭氧丰度大于南半球，在各自半球的所有季节均是如此。与北半球中纬度地区相比，南半球中纬度地区的臭氧层较薄，这是由以下几个因素造成的：在臭氧空洞出现之前，两个半球的大尺度环流存在差异；北半球中纬度地区的对流层臭氧丰度高于南半球中纬度地区，这是因为人口较多的北半球污染较严重。从 20 世纪 80 年代开始，来自南极臭氧空洞地区的臭氧损耗空气对周围区域的稀释作用进一步加大了半球间臭氧总量的差异。这种半球间臭氧总量的差异导致到达南半球表面的紫外线水平高于北半球（见问题 16）。

自然变化

臭氧总量随纬度和经度变化很大，如图 3-1 所示。出现这些模式有两个原因。首先，大气层中的风会在臭氧浓度较高和较低的平流层区域之间输送空气。对流层天气系统可以暂时改变某一区域臭氧层的垂直范围，从而改变臭氧总量。这些空气运动的规律性，在某些情况下与地理特征（海洋和山脉）有关，反过来又会导致臭氧总量分布的循环模式。其次，臭氧的变化是化学生成和消除过程平衡变化的结果。这种平衡对到达大气各部分的太阳紫外线辐射量（见问题 2）非常敏感。我们已经很好地理解了化学反应和空气运动如何共同作用，导致臭氧总量出现大尺度上的观测特征，如图 3-1 所示。一大批科学家利用卫星、机载和地面仪器对臭氧变化进行例行监测。对这些观测数据的持续分析为量化人类活动对臭氧损耗的影响提供了重要的长期基础。

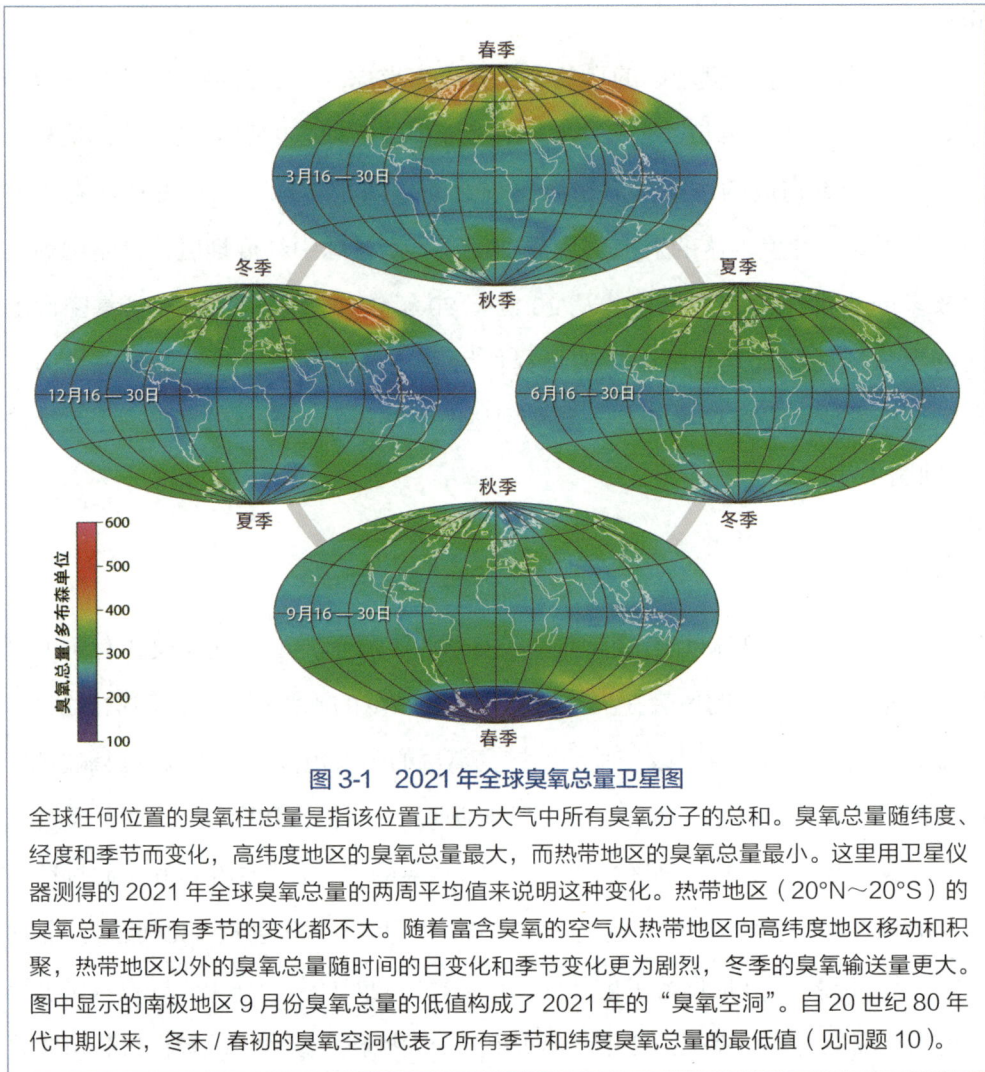

图 3-1　2021 年全球臭氧总量卫星图

全球任何位置的臭氧柱总量是指该位置正上方大气中所有臭氧分子的总和。臭氧总量随纬度、经度和季节而变化，高纬度地区的臭氧总量最大，而热带地区的臭氧总量最小。这里用卫星仪器测得的 2021 年全球臭氧总量的两周平均值来说明这种变化。热带地区（20°N～20°S）的臭氧总量在所有季节的变化都不大。随着富含臭氧的空气从热带地区向高纬度地区移动和积聚，热带地区以外的臭氧总量随时间的日变化和季节变化更为剧烈，冬季的臭氧输送量更大。图中显示的南极地区 9 月份臭氧总量的低值构成了 2021 年的"臭氧空洞"。自 20 世纪 80 年代中期以来，冬末 / 春初的臭氧空洞代表了所有季节和纬度臭氧总量的最低值（见问题 10）。

问题 4. 如何测量大气中的臭氧？

大气中的臭氧量是通过地面以及高空气球、飞机和卫星上的仪器进行测量的。有些仪器利用臭氧独特的光学吸收或发射特性，对臭氧进行远距离测量。其他仪器则通过不断地将空气样品吸入一个小检测室，在原位测量臭氧。

大气中臭氧的丰度可通过多种技术进行测量（图 4-1）。这些技术利用了臭氧独特的光学和化学特性。测量技术主要分为两类：原位测量和遥感测量。利用这些技术进行臭氧测量对于监测臭氧层的变化和加深我们对臭氧丰度控制过程的了解至关重要。

图 4-1　臭氧测量

通过地面仪器、飞机、高空气球和卫星对整个大气层中的臭氧进行测量。有些仪器在采样空气中原位测量臭氧，有些在距离仪器较远的地方远程测量臭氧。仪器使用光学技术，以太阳（直接辐射、反射辐射或散射辐射）或激光器（绿线）为光源；探测臭氧和其他大气分子的热辐射（未展示）；或使用臭氧特有的化学反应（臭氧探空仪）。全球许多地方都在进行定期测量，以监测臭氧量及其随时间的变化。

原位测量

对大气中臭氧浓度的原位测量需要将空气直接吸入仪器。进入仪器的检测室后，通过测量对紫外线辐射的吸收或通过涉及臭氧的化学反应中产生的电流或光来确定臭氧量。后者用于"臭氧探空仪"，它是一种轻型臭氧测量模块，适合在小型气球上发射。气球升至 32～35 千米的高度，足以测量平流层臭氧层中的臭氧。臭氧探空仪定期在世界各地发射。科研用途的飞机也会搭载采用光学或化学探测方案的原位臭氧测量仪器，以测量对流层和较低平流层（高度约为 20 千米）的臭氧分布情况。高空科研飞机可以到达全球大多数地点的臭氧层，并且可以到达高纬度地区最远的臭氧层。一些商业航班也在进行例行的臭氧测量。全球成千上万个地点对地表臭氧丰度进行了原位测量，为评估和改善全球空气质量提供了重要的每小时数据。

遥感测量

对臭氧总量和臭氧高度分布的遥感测量是通过检测距离仪器较远的臭氧来实现的。大多数对臭氧的遥感测量依赖于臭氧对紫外线辐射的独特吸收。可以使用的紫外线辐射源包括太阳光（以及月球反射的太阳光）、激光和星光。例如，卫星仪器利用大气对太阳紫外线辐射的吸收或对地球表面散射太阳光的吸收，每天测量几乎整个地球上的臭氧。激光雷达仪器用于测量反向散射激光，通常部署在地面站点和研究飞机上，以便沿着激光光路探测数千米外的臭氧。地面仪器网络通过检测到达地球表面的太阳紫外线辐射量的微小变化来测量臭氧。其他仪器则利用臭氧在大气层不同高度对红外线、可见光或紫外线辐射的吸收或对微波或红外线辐射的主动发射来测量臭氧，从而获得有关臭氧垂直分布的信息。主动测量的优点是可以在夜间进行臭氧遥感测量，这对于在冬季持续黑暗的极地地区的观测尤为重要。

全球臭氧网络

第一台用于常规监测臭氧总量的仪器由英国的戈登·多布森（Gordon M. B. Dobson）于 20 世纪 20 年代研制成功。这种仪器被称为费里光谱仪，它通过使用照相板检查太阳紫外线（UV）辐射（阳光）的波长光谱来进行测量。分布于欧洲各地的一个小型仪器网络使多布森得以发现臭氧总量随地点和时间变化的重要规律。20 世纪 30 年代，多布森研制出一种新仪器，即现在的多布森分光光度计，它可以精确测量两种紫外线波长的太阳光强度：一种波长被臭氧强烈吸收，另一种波长被臭氧微弱吸收。利用两种波长的光强差可以测量仪器所在位置上空的臭氧总量。

作为国际地球物理年的一部分，1957 年建立了一个全球臭氧观测站网络。如今，从南极点（90°S）到加拿大的埃尔斯米尔岛（83°N），世界各地有数百个站点定期测量臭氧总量。布鲁尔分光光度计于 1982 年被引入全球网络。最初的多布森仪器仅根据两种波长的紫外线观测数据来测量大气中的臭氧，而现代的多布森仪器和布鲁尔仪器则使用多对波长的观测数据。通过定期的仪器校准和相互比较来保持这些观测数据的准确性。在许多观测站，除对臭氧总量的观测之外，还利用多布森仪器或布鲁尔仪器的黄昏测量、臭氧探测仪的例行发射或激光雷达仪器对臭氧的垂直分布进行测量。许多观测站还利用大气气体的独特光学特性，对大气层中各种相关化合物的丰度进行量化。

该网络提供的数据对于了解氟氯化碳和其他消耗臭氧层物质对全球臭氧层的影响至关重要，这些数据在天基臭氧测量仪器发射之前就已提供，并一直持续到今天。地面仪器具有出色的长期稳定性和准确性，现在已被常规用于帮助校准对臭氧总量以及与臭氧化学有关的许多其他气体和物理量的天基观测。根据先驱科学家命名单位的传统，臭氧总量的测量单位被称为"多布森单位"（见问题 3）。

第二部分　臭氧损耗过程

Part 2 The Ozone Depletion Process

问题 5. 卤代气体的排放如何导致平流层臭氧损耗？

人类活动消耗平流层臭氧的第一步是在地球表面排放含有氯和溴且在大气中寿命较长的气体。这些气体大多积聚在低层大气中，因为它们相对不活跃，不易溶解在雨或雪中。自然的气流运动最终会将这些积累的气体输送到平流层，在那里它们会转化为反应性较强的气体。其中一些气体会参与损耗臭氧的反应。最后，当平流层的大规模环流模式将这些空气送回低层大气时，这些反应性氯和溴气体就会被雨雪从地球大气中清除。

人类活动造成平流层臭氧损耗的主要步骤如图 5-1 所示。

排放、累积和输送

这一过程始于在地球表面排放含有卤素氯和溴的长寿命源气体（见问题 6）。卤代气体通常被称为 ODS，包括在制冷、空调和泡沫发泡等各种应用中释放到大气中的人造化学品。CFCs 是氯代源气体的一个重要例子。排放的源气体在低层大气（对流层）中积累，并通过自然气流运动缓慢输送到平流层。大多数源气体由于在低层大气中极少发生反应，因此会发生累积。此外，只有少量卤代气体溶解在海水中。这些人造卤代气体在低层大气中的低反应性是它们非常适合制冷等特殊应用的一个特性。

一些卤代气体大量排放自天然来源（见问题 6）。这些排放物也在对流层中积累，被输送到平流层，并参与臭氧损耗反应。这些天然来源排放的气体是臭氧产生和损耗的自然平衡的一部分，而这一平衡早在人造卤代气体大量释放和相关

的臭氧损耗被观测到之前就已
存在。

转化、反应和清除

卤代气体不会直接与臭氧
发生反应。一旦进入平流层，
卤代气体就会通过吸收太阳紫
外线辐射（见问题 7）而被化
学转化为反应性和储存性卤代
气体。转化率与气体在大气中
的寿命有关（见问题 6）。寿
命较长的气体转化较慢，排放
后在大气中存留的时间也较
长。主要 ODS 的寿命为 1 年
到 100 年不等（表 6-1）。在大
气中寿命超过几十年的排放
气体分子平均在对流层和平流
层之间循环多次，然后才发生
转化。

卤代气体形成的反应性气
体会发生化学反应，损耗平流
层中的臭氧（见问题 8）。反
应性气体对臭氧总量的平均损
耗在热带地区最小，在高纬度

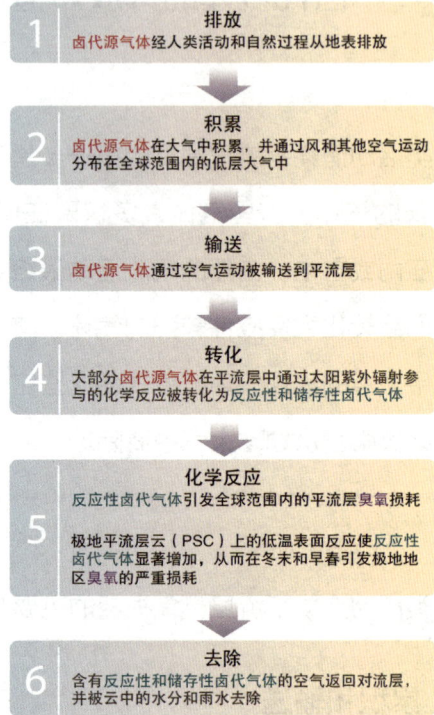

图 5-1　平流层臭氧损耗的主要步骤

平流层臭氧损耗过程始于人类活动和自然过程排放的卤代气体。这些化合物至少含有一个碳原子和一个卤素原子，因此化学性质稳定，卤代烃（halocarbon）一词也由此普及，卤代烃是卤素（halogen）和碳（carbon）的缩写。人类活动排放的许多卤代烃气体也是 ODS；所有 ODS 至少含有一个氯原子或溴原子（见问题 7）。这些化合物中的大多数在对流层（大气层的最低层）中几乎不会发生化学损失，而是不断积累，直至进入平流层。随后的步骤是将 ODS 转化为反应性和储存性卤代气体，并发生化学反应来损耗臭氧（见问题 8）。卤代气体造成的臭氧损耗遍及全球（见问题 12），极地地区在冬末和春初时损失最大（见问题 9～问题 11）。当对流层中的反应性和储存性卤代气体被雨雪去除并沉积在地球表面时，臭氧损耗就结束了。

地区最大（见问题12）。在极地地区，极地平流层云（仅在低温下存在）表面发生的反应大幅增加了最重要的反应性含氯气体，即一氧化氯（ClO）的丰度（见问题9）。这一过程导致冬末/春初极地地区臭氧损耗严重（见问题10和问题11）。

平流层的空气通常与对流层隔绝。每天都有一小部分平流层空气返回对流层，带来反应性和储存性卤代气体。全球平流层空气返回对流层平均需要数年时间。被运回对流层的反应性卤代气体通过降雨等降水过程从大气中清除，或随风沉降到地球的陆地或海洋表面。这些清除过程结束了氯原子和溴原子对臭氧的损耗，这些原子最初作为卤代气体分子的组成部分被释放到大气中。

对流层转化

寿命较短（少于1年）的卤代气体会在对流层中发生显著的化学转化，产生反应性和储存性卤代气体。未被转化的源气体分子会被输送到平流层。对流层中产生的反应性和储存性卤代气体大部分被降水带走，只有一小部分被输送到平流层。在进入平流层之前，对流层中的卤代气体会被去除一部分，其中重要的例子包括氟氯烃（HCFCs）、溴甲烷（CH_3Br）、氯甲烷（CH_3Cl）和碘代气体（见问题6）。

理解平流层臭氧损耗

通过结合实验室研究、计算机模型和大气观测，我们得以理解平流层臭氧损耗。实验室研究发现并分析了平流层中发生的各种化学反应。两种气体之间的化学反应遵循明确的物理规则。其中一些反应发生在冬季平流层形成的极地平流层云的表面。已研究的反应涉及许多不同的含氯、溴、氟和碘的分子以及其他大气成分，如碳、氧、氮和氢。这些研究表明，涉及氯和溴的一些反应直接或间接地损耗了平流层中的臭氧。

计算机模型被用来研究平流层中发生的大量已知反应的综合影响。这些模型模拟平流层，包括表示化学物质丰度、风、气温以及阳光的日变化和季节变化。这些分析表明，在某些条件下，氯和溴会发生催化循环反应，其中一个氯原子或溴原子会损耗成千上万个臭氧分子。我们还利用模型模拟往年观测到的臭氧量，以此来检验我们对大气过程的理解，并评估实验室研究中发现的新反应的重要性。通过专门的计算机模型，我们广泛探讨了臭氧对痕量气体丰度、温度和其他大气参数未来可能发生的变化的反应（见问题 20）。

大气观测显示了平流层不同区域所存在的气体，以及这些气体的丰度随时间和地点的变化情况。对气体和粒子丰度的监测时间跨度从每天到几十年不等。观测结果表明，平流层中存在的反应性卤代气体的数量足以引起观测到的臭氧损耗（见问题 7）。例如，利用各种仪器对臭氧和 ClO 进行了广泛的观测。ClO 是一种高反应性气体，参与了整个平流层的臭氧催化损耗循环（见问题 8）。地面、卫星、气球和飞机上的仪器现在经常使用光学和微波信号遥感测量臭氧和 ClO 的丰度。高空气球和热气球仪器也被用来测量平流层中的这两种气体（见问题 4）。过去几十年对臭氧和反应性气体的观测结果被广泛用于与计算机模型进行比较，以增进我们对平流层臭氧损耗的理解。

问题 6. 人类活动的哪些排放物会导致平流层臭氧损耗?

　　某些工业过程和消费产品会向大气排放 ODS。主要的 ODS 是人造的卤代气体，目前在全球范围内受到《蒙特利尔议定书》的管控。这些气体将氯原子和溴原子带到平流层，在那里通过化学反应消耗臭氧。重要的例子包括曾经用于几乎所有制冷和空调系统的 CFCs，以及被用作灭火剂的哈龙。目前，大气中 ODS 的丰度可通过空气样品测量直接得知。

卤代气体与消耗臭氧层物质

　　由人类活动排放并受《蒙特利尔议定书》管控的卤代气体一般被称为 ODS。《蒙特利尔议定书》管控着全球 ODS 的生产和消费（见问题 14）。主要由天然来源排放的卤代气体，如 CH_3Cl，不属于 ODS。各种 ODS 和天然卤代气体对进入平流层的氯总量和溴总量的贡献见图 6-1。进入平流层的总氯和总溴分别在 1993 年和 1999 年达到峰值。这些峰值出现的时间差异是由于《蒙特利尔议定书》及其修正案和调整方案规定的不同淘汰时间表、卤代气体在平流层中的寿命不同以及众多源气体的生产和排放之间的时间延迟造成的。图 6-1 中还显示了 2020 年氯和溴的总排放量，突出显示了《蒙特利尔议定书》的管控措施分别实现了 11% 和 15% 的减排量。

消耗臭氧层物质

　　主要的 ODS 是为特定的工业用途或消费产品而制造的，其中大部分最终会被排放到大气中。从 20 世纪中叶到 20 世纪晚期，ODS 排放总量大幅增加，在 20 世纪 80 年代末达到峰值，目前呈下降趋势（图 0-1）。由于其在大气中的存在时间较长，很大一部分排放的 ODS 进入平流层，在那里转化为含有氯和溴的反应性和储存性气体，导致臭氧损耗。

仅含氯、氟和碳的 ODS 称为氟氯化碳（chlorofluorocarbons），通常缩写为 CFCs。主要的 CFCs 包括 CFC-11（CCl_3F）、CFC-12（CCl_2F_2）和 CFC-113（CCl_2FCClF_2）。CFCs 与四氯化碳（CCl_4）和三氯乙烷（CH_3CCl_3）一直是人类活动排放的最重要的含氯卤代气体。这些 ODS 和其他含氯 ODS 已被用于多种用途，包括制冷、空调、泡沫发泡、喷雾罐推进剂以及金属和电子元件的清洁。由于《蒙特利尔议定书》的管控，这些氯代源气体的丰度自 1993 年以来已经有所下降（图 6-1）。2020 年，CFC-11 和 CFC-12 的含量分别较 1993 年的含量低 16% 和 2.8%。

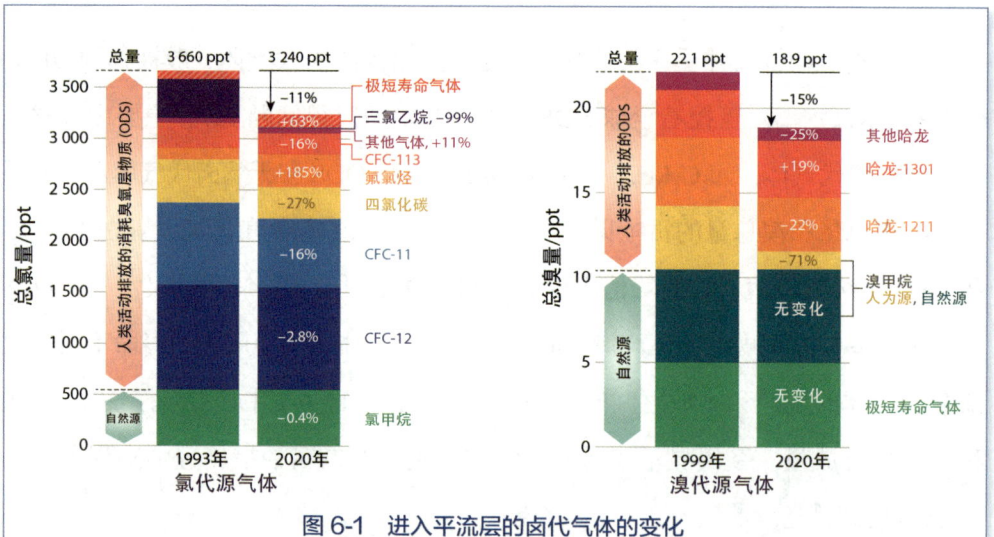

图 6-1　进入平流层的卤代气体的变化

人类活动和自然过程排放的各种卤代气体将氯和溴输送到平流层。ODS 是人类活动排放的这些气体的子集，同时 ODS 受《蒙特利尔议定书》管控。上面的柱状图分别显示了 1993 年进入平流层的氯代气体和 1999 年进入平流层的溴代气体的丰度（当时它们的总量分别达到峰值）

及 2020 年的气体丰度。此外，图 6-1 还显示了进入平流层的氯总量和溴总量的总体减少情况以及观测到的每种源气体的变化情况。这些数量来自对流层中每种气体的观测数据。请注意两幅图中的纵坐标轴的巨大差异：进入平流层的氯总量是溴总量的 150 倍。然而，溴和氯都很重要，因为单个溴原子损耗臭氧的效率是单个氯原子的 60 倍。人类活动是氯进入平流层的最大来源，而 CFCs 是丰度最高的氯代气体。氯甲烷是氯的主要天然来源。1993—2020 年，三氯乙烷、四氯化碳和 CFC-11 的降幅最大。HCFCs 是 CFCs 的替代气体，也受到《蒙特利尔议定书》的管控，其丰度自 1993 年以来大幅上升，并已接近预期的大气丰度峰值（图 15-1）。自 1993 年以来，含氯的极短寿命气体在平流层的丰度大幅上升；这些化合物主要来自人类活动，在对流层中发生化学损失，但不受《蒙特利尔议定书》的管控。哈龙和溴甲烷是进入平流层的溴的最大来源。由于《蒙特利尔议定书》的成功实施，1999—2020 年因人类活动而产生的溴甲烷的丰度降幅最大。与 1999 年相比，哈龙 -1301 是唯一丰度增加的溴代 ODS。溴甲烷也有天然来源，由于《蒙特利尔议定书》的成功实施，其天然来源贡献现在已大幅超过了人为来源。与氯相比，天然来源对进入平流层的溴所起的作用要大得多，近年来一直保持稳定。

[这里使用的单位"ppt"（parts per trillion）用来衡量某种物质在干燥空气中的相对丰度，1 ppt 等同于每万亿（=10^{12}）个空气分子中含有一个气体分子。]

氟氯烃（hydrochlorofluorocarbons，HCFCs）类化合物除含有氯、氟和碳外，还含有氢。HCFC-22（CHF_2Cl）研制于 20 世纪 30 年代，自 20 世纪 40 年代以来一直被用作制冷剂，主要用于家用空调。如下文所述，与 CFCs 相比，HCFCs 对臭氧层的危害较小。20 世纪 90 年代，HCFC-22 的使用范围扩大，并开发了其他 HCFCs 作为各类 CFCs 的替代品。因此，1993—2020 年，进入平流层的 HCFCs 的氯含量增加了 185%（图 6-1）。由于从 1996 年开始限制 HCFCs 的生产，并从 2013 年开始在全球范围内实施，预计大气中的 HCFCs 丰度将在 2023—2030 年达到峰值（图 0-1 和图 15-1）。HFCs 和氟代烯烃（HFOs）则在许多用途上成为 HCFCs 的替代品。

还有一类含有溴的 ODS，这类气体中最重要的是哈龙（halons）和 CH_3Br。哈龙是一组至少含有一个溴原子和一个碳原子的工业化合物。哈龙可能含有，也可能不含有氯原子。哈龙最初被用作灭火剂，并被广泛用于保护大型计算机设施、军事硬件和商用航空发动机。因此，在使用或测试这些灭火系统时，哈龙通常会被直接释放到大气中。人类活动排放最多的是哈龙 -1211（$CBrClF_2$）和哈龙 -1301（$CBrF_3$）。CH_3Br 主要用作熏蒸剂，用于农业害虫防治和出口货物消毒，也有大量的天然来源。

由于《蒙特利尔议定书》的管控，1999—2020 年，人类活动对大气中溴甲烷丰度的贡献减少了 71%（图 6-1）。哈龙 -1211 的浓度在 2005 年达到峰值，此后一直在下降，2020 年的丰度比 1999 年测量的丰度低 22%。另外，哈龙 -1301 的丰度自 1999 年以来增加了 19%，由于持续的少量释放和较长的大气寿命，预计在未来 10 年哈龙 -1301 的丰度将缓慢下降（图 15-1）。2020 年，其他哈龙（主要是哈龙 -1202 和哈龙 -2402）的溴含量较 1999 年低 25%。

氯和溴的天然来源

平流层中存在的一些卤代气体有大量的天然来源。其中包括 CH_3Cl 和 CH_3Br，这两种气体均是由海洋生态系统和陆地生态系统排放的。此外，寿命极短的溴代源气体（指在大气中的寿命通常少于 0.5 年的化合物），如三溴甲烷（$CHBr_3$）和二溴甲烷（CH_2Br_2），也会被释放到大气中，其主要来自海洋中的生物活动。只有一小部分寿命极短的源气体排放到平流层中，因为这些气体在低层大气中会被有效清除。火山作为偶发来源，有时会产生数量可观的反应性卤代气体进入平流层。

卤素的其他天然来源包括海雾蒸发产生的反应性氯和溴。然而，这些反应性化学物质在平流层臭氧损耗中不起作用，因为它们易溶于水，并会在对流层中被清除。

2020 年，天然来源的氯约占平流层氯总量的 17%，天然来源的溴约占平流层溴总量的 56%（图 6-1）。从天然来源进入平流层的氯和溴的量在一段时间内相当稳定，因此不可能是自 20 世纪 80 年代以来观察到的臭氧损耗的原因。

作为氯代气体和溴代气体来源的其他人类活动

人类活动还会向大气释放其他含氯气体和含溴气体。常见的例子包括使用含氯溶剂和工业化学品，以及在造纸和饮用水及工业用水（包括游泳池）消毒过程中使用含氯气体。这些气体的寿命大多很短，只有一小部分排放能到达平流层。2020 年，来自自然界和人类活动的极短寿命的氯化气体对平流层氯总量的贡献较 1993 年增加了 63%，目前约占进入平流层的氯总量的 4%（130 ppt）（图 6-1）。《蒙特利尔议定书》并不控制极短寿命的氯代源气体的生产和消费，尽管其中一些气体（特别是 CH_2Cl_2）在大气中的丰度近年来大幅增加。固体火箭发动机，如用于将有效载荷送入轨道的火箭发动机，直接向对流层和平流层释放具有反应性的含氯气体。与人类其他活动产生的卤素排放量相比，目前火箭在全球范围内氯的排放很少。

寿命和排放

表 6-1 列出了 2020 年部分卤代气体的全球排放估算数据。这些排放来自 HCFCs 和 HFCs 的持续生产以及库存气体的释放。库存排放是指现有设备、化学品库存、泡沫和其他产品向大气中释放的卤代烃。按质量计算，2020 年制冷剂 HCFC-22 的全球排放是人类活动产生的卤代烃排放的最大来源。另外一种制冷剂 HFC-134a（CH_2FCF_3）在 2020 年的排放量位居第二。CH_3Cl 的排放主要来自海洋生物圈、陆地植物、盐沼和真菌等天然来源。氯甲烷的人为来源相对于全部天然来源而言较少（见问题 15）。

排放后，卤代气体要么从大气层中清除，要么在对流层、平流层或中间层进行化学转化。清除或转化约 63% 的气体所需的时间通常称为其大气寿命。主要氯代气体和溴代气体的寿命从不到 1 年到 100 年不等（表 6-1）。寿命长的气体主要在平流层中转化为其他气体，它们原有的卤素含量基本上都会参与平流层臭氧的损耗。相反，溴甲烷、氯甲烷和某些 HCFCs 等寿命较短的气体在对流层中转化为其他气体，然后被雨雪从大气中清除，因此，只有一小部分含量的卤素会导致平流层臭氧损耗。尽管氯甲烷的来源较多，但在 2020 年进入平流层的卤代气体中，氯甲烷仅占约 17%（540 ppt）（图 6-1）。

排放气体的大气含量取决于其排放率和清除率之间的平衡。目前，各种源气体的排放速率和大气寿命范围很广（表 6-1）。自 1990 年以来，大多数主要的 CFCs 和哈龙在大气中的丰度随着排放率的降低而有所减少，而重要的替代气体——HCFCs 的丰度则在《蒙特利尔议定书》的管控下继续缓慢增加（见问题 15）。在过去几年中，大气中 HCFCs 的丰度的增加速度有所下降。根据这些条约，预计在未来几十年中，大气中所有受控 ODS 的排放量和其在大气中的丰度都将下降。

消耗臭氧潜能值

卤代气体损耗平流层臭氧的效果由消耗臭氧潜能值（ODP）表示（表 6-1，见问题 17）。ODP 较高的气体会比 ODP 较低的气体损耗更多的平流层臭氧。ODP 的计算需要使用模拟平流层臭氧的计算机模型，并以 ODP 为 1 的 CFC-11 作为参照。一种气体的 ODP 是根据连续向大气排放一定质量的该气体所造成的臭氧损耗量，与排放相同质量的 CFC-11 所造成的臭氧损耗量进行比较得出的。受《蒙特利尔议定书》管控的卤代气体的 ODP 范围很广。哈龙 -1211 和哈龙 -1301 的 ODP 远大于 CFC-11 和大多数其他氯代气体的 ODP，这是因为在损耗臭氧的化学反应中，单个溴原子比单个氯原子更有效（约 60 倍）。与 ODP 较高的气体相比，ODP 较低的气体通常在大气中的寿命较短，或含有较少的氯原子和溴原子。

氢氟碳化物和其他氟代气体

图 6-1 中的许多源气体除含有氯或溴外，还含有另一种卤素——氟。当源气体在平流层中发生转化时（见问题 5），这些气体中的氟含量会以不会造成臭氧损耗的化学形式释放出来。因此，不含其他卤素的含氟卤代气体不会被归类为 ODS。其中一个重要的例子就是 HFCs（表 6-1），它们是常见的 ODS 替代气体，因此也被列入表 6-1。HFCs 不含氯或溴，因此所有 HFCs 的 ODP 为 0。

表 6-1　一些卤代气体和作为替代品的 HFCs 的大气寿命、2020 年全球排放量、消耗臭氧潜能值和全球变暖潜能值

气体	大气寿命 /年	2020 年全球排放量 / (10^3 吨 / 年)[a]	消耗臭氧潜能值（ODP）[b]	全球变暖潜能值（GWP）[b]
卤代气体				
氯代气体				
CFC-11（CCl_3F）	52	36～58	1	6 410
四氯化碳（CCl_4）	30	27～60	0.87	2 150
CFC-113（CCl_2FCClF_2）	93	1～13	0.82	6 530
CFC-12（CCl_2F_2）	102	3～48	0.75	12 500
三氯乙烷（CH_3CCl_3）	5.0	1～3	0.12	164
HCFC-141b（CH_3CCl_2F）	8.8	48～67	0.102	808
HCFC-142b（CH_3CClF_2）	17	15 023	0.057	2 190
HCFC-22（CHF_2Cl）	12	284～403	0.038	1 910
氯甲烷（CH_3Cl）	0.9	3 759～5 677	0.015	6
溴代气体				
哈龙 -1301（$CBrF_3$）	72	1～2	17	7 430
哈龙 -1211（$CBrClF_2$）	16	1～5	7.1	1 990
溴甲烷（CH_3Br）	0.8	111～154	0.57	2

续表

气体	大气寿命 / 年	2020 年全球排放量 / (10^3 吨 / 年) [a]	消耗臭氧潜能值（ODP）[b]	全球变暖潜能值（GWP）[b]
氢氟碳化物（HFCs）				
HFC-23（CHF_3）	228	16～18	0	14 700
HFC-143a（CH_3CF_3）	52	27～33	0	5 900
HFC-125（CHF_2CF_3）	31	78～98	0	3 820
HFC-134a（CH_2FCF_3）	14	216～275	0	1 470
HFC-32（CH_2F_2）	5.3	56～77	0	749
HFC-152a（CH_3CHF_2）	1.5	41～63	0	153
HFO-1234yf（CF_3CFCH_2）	0.03	暂未获得	0	小于 1

注：a 包括人类活动（生产和库存）和天然来源。排放量单位为 10^3 吨 / 年。这些排放量估算基于对大气观测数据的分析。每个排放量估算值的范围反映了从大气观测中估算排放量的不确定性。

b 100 年 GWP。ODP 和 GWP 在问题 17 中进行了讨论。数值是按每种气体的等量排放计算的。这里给出的 ODP 反映了当前的科学值，在某些情况下与《蒙特利尔议定书》中使用的值不同。

许多 HFCs 都是强效温室气体，其量化指标是全球变暖潜能值（GWP）（见问题 17）。现在，《蒙特利尔议定书》的《基加利修正案》控制 HFCs 的生产和消费（见问题 19），特别针对 GWP 较高的 HFCs。因此，部分行业已过渡到生产和使用 GWP 极低的一类 HFCs，即 HFOs，它们也由氢原子、氟原子和碳原子组成。这里的 "O" 代表烯烃，用于指代这些化合物中的双碳键，它使得氟代烯烃在对流层中的寿命较短、GWP 较小。HFO-1234yf（CF_3CFCH_2）就是这样一种氟代烯烃，仅有 12 天的大气寿命，其 GWP 小于 1。

碘代气体

碘是海洋和某些人类活动自然排放的气体的成分之一。目前正在研究碘对平流层臭氧的重要性，部分原因是三氟碘甲烷（CF_3I）有可能替代灭火器中的哈龙，另一部分原因是 CF_3I 已被提议用于生产低 GWP 混合制冷剂。虽然碘可以参与臭氧损耗反应，但是碘代源气体的寿命都很短，大部分的清除是在低层大气中几天内完成的。自上次评估以来，进入平流层的碘量上限有所增长，目前估计约为 1 ppt。极短寿命的碘代源气体对平流层臭氧的重要性，包括可能加剧极地臭氧损耗，仍然是一个活跃的研究领域。

其他非卤代气体

由于人类活动的排放，平流层中影响平流层臭氧丰度的其他非卤代气体也有所增加（见问题 20）。重要的例子包括 CH_4 和 N_2O，CH_4 在平流层中反应生成水蒸气和反应性氢，N_2O 在平流层中反应生成 NO_x。这些反应产物参与了平流层臭氧的损耗。大气中 CO_2 含量的增加会改变平流层的温度和风向，这也会影响平流层臭氧的丰度。如果未来大气中 CO_2、CH_4 和 N_2O 的丰度与现在相比显著增加，这将通过对温度、风和化学的综合影响而影响平流层臭氧的未来水平（图 20-2）。由于这些气体会导致地表变暖，根据《巴黎协定》，目前正在努力减少这些气体的排放（见问题 18 和问题 19）。尽管过去 ODS 的排放如今仍在全球臭氧损耗中占主导地位，但随着 ODS 在大气中丰度的下降，预计未来人类活动排放的 N_2O 对臭氧损耗的影响将相对更大（见问题 20）。

问题 7. 哪些反应性卤代气体会损耗平流层臭氧？

进入平流层的含氯和溴的卤代气体来自人类活动和自然过程（见问题 6）。当暴露在太阳紫外线辐射下时，这些卤代气体会转化为同样含氯和溴的其他气体。其中一些气体可作为化学储库，然后转化为 ClO 和 BrO，这两种最重要的反应性气体参与了损耗臭氧的催化反应。

平流层中的卤代气体可分为两类：卤代源气体及反应性和储存性卤代气体（图 7-1）。源气体包括 ODS，由自然过程和人类活动排放至地表（见问题 6），在低层大气中具有化学惰性。一旦进入平流层，卤代气体会以不同的速度发生化学转化，形成反应性和储存性卤代气体。这种转化发生在平流层而不是对流层，因为这些化合物的分解需要太阳紫外线（UV）辐射（太阳光的一种成分），而平流层的太阳紫外线辐射比对流层更强（见问题 2）。含有卤素氯和溴的反应性气体参与了一系列化学反应，从而损耗了平流层臭氧（见问题 8）。

反应性和储存性卤代气体

卤代气体的化学转换涉及太阳紫外线辐射和其他化学反应，会产生一些反应性和储存性卤代气体。这些反应性和储存性卤代气体包含源气体中存在的所有氯原子和溴原子。所有反应性和储存性气体中的氯含量称为有效氯，而类似气体中的溴含量称为有效溴。

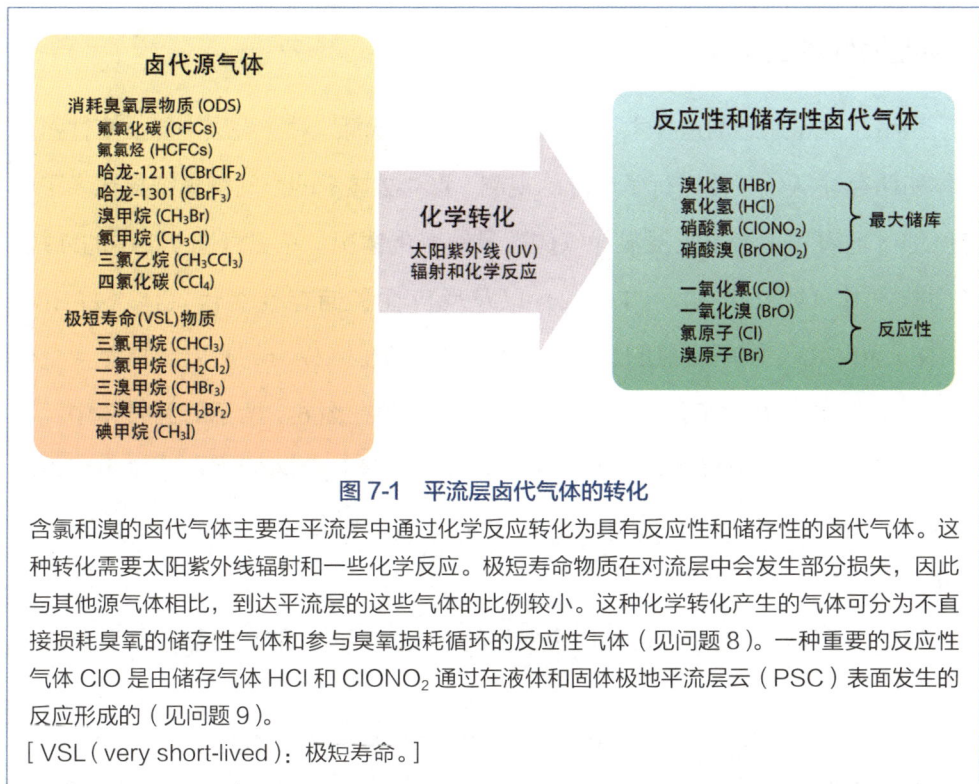

卤代源气体

消耗臭氧层物质 (ODS)
氟氯化碳 (CFCs)
氟氯烃 (HCFCs)
哈龙-1211 (CBrClF$_2$)
哈龙-1301 (CBrF$_3$)
溴甲烷 (CH$_3$Br)
氯甲烷 (CH$_3$Cl)
三氯乙烷 (CH$_3$CCl$_3$)
四氯化碳 (CCl$_4$)

极短寿命 (VSL) 物质
三氯甲烷 (CHCl$_3$)
二氯甲烷 (CH$_2$Cl$_2$)
三溴甲烷 (CHBr$_3$)
二溴甲烷 (CH$_2$Br$_2$)
碘甲烷 (CH$_3$I)

化学转化

太阳紫外线 (UV)
辐射和化学反应

反应性和储存性卤代气体

溴化氢 (HBr)
氯化氢 (HCl)
硝酸氯 (ClONO$_2$)
硝酸溴 (BrONO$_2$) 　最大储库

一氧化氯 (ClO)
一氧化溴 (BrO)
氯原子 (Cl)
溴原子 (Br) 　反应性

图 7-1　平流层卤代气体的转化

含氯和溴的卤代气体主要在平流层中通过化学反应转化为具有反应性和储存性的卤代气体。这种转化需要太阳紫外线辐射和一些化学反应。极短寿命物质在对流层中会发生部分损失，因此与其他源气体相比，到达平流层的这些气体的比例较小。这种化学转化产生的气体可分为不直接损耗臭氧的储存性气体和参与臭氧损耗循环的反应性气体（见问题 8）。一种重要的反应性气体 ClO 是由储存气体 HCl 和 ClONO$_2$ 通过在液体和固体极地平流层云（PSC）表面发生的反应形成的（见问题 9）。

[VSL（very short-lived）：极短寿命。]

图 7-1 显示了平流层中形成的最重要的含氯和溴的反应性和储存性卤代气体。在整个平流层中，含量最多的通常是 HCl 和 ClONO$_2$。这两种气体被认为是储存性卤代气体，因为它们虽然不会直接与臭氧发生反应，但可以转化为最易发生反应的形式，从而对臭氧造成化学损耗。与臭氧反应活性最强的卤素是 ClO 和 BrO，以及氯原子（Cl）和溴原子（Br）。大部分有效溴通常以 BrO 的形式存在，而通常只有一小部分有效氯以 ClO 的形式存在。极地地区冬季异常寒冷的条件导致储存性卤代气体 HCl 和 ClONO$_2$ 几乎完全转化为 ClO 和相关的反应性气体。这种转化是通过在地表或 PSC 颗粒内发生的化学反应实现的（见问题 9）。

中纬度地区的氯含量

利用原位和遥感测量技术，包括卫星仪器的观测，对平流层中的反应性氯代气体和储存性氯代气体进行了广泛的观测。图 7-2 显示的空间测量结果代表了中纬度地区地表和平流层上层氯代气体数量的变化情况。总氯（图 7-2 中的红线）是卤代气体（如 CFC-11、CFC-12）以及反应性和储存性氯代气体（如 HCl、$ClONO_2$ 和 ClO）中所含氯的总和。从地表到 50 千米以上的高空，总氯含量保持在 10% 左右。在对流层中，总氯几乎完全包含在图 6-1 所示的源气体中。在海拔较高的地方，源气体转化为反应性和储存性氯代气体后，在总氯中所占的比例越来越小。在最高海拔处，总氯全部以反应性和储存性氯代气体的形式存在。

如图 7-2 所示，在中纬度地区臭氧层的高度范围内，储存性氯代气体 HCl 和

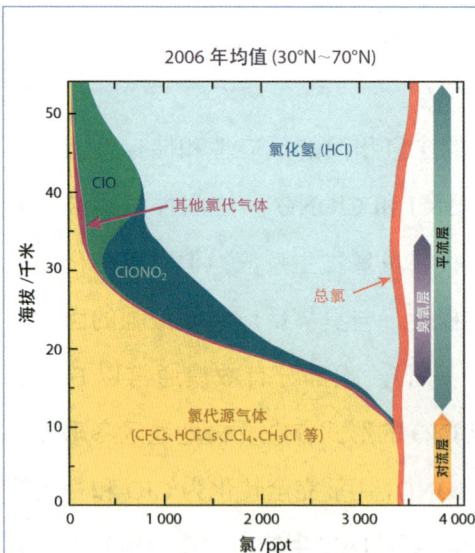

图 7-2　氯代气体的观测数据

图中显示了 2006 年测量到的氯代源气体以及反应性氯代气体和储存性氯代气体的丰度（30°N～70°N 的平均值）与高度的函数关系。在对流层（约 12 千米以下），所有测量到的氯都包含在氯代源气体中。在平流层，随着氯代源气体数量的减少，反应性气体和储存性气体的总氯含量（称为有效氯）随着高度的增加而增加。这种转变是太阳紫外线辐射引发的化学反应的结果，这些反应将源气体转化为有效氯（图 7-1）。生成的主要反应性氯代气体和储存性氯代气体是 HCl、$ClONO_2$ 和 ClO。将源气体与有效氯相加就得到了"总氯"，它在整个大气层中随着高度的变化几乎是恒定的。在中纬度地区的臭氧层（15～35 千米）中，氯代源气体仍然存在，HCl 和 $ClONO_2$ 构成了有效氯的最丰富形式。

ClONO₂ 占有效氯的大部分。臭氧损耗中最重要的反应性气体 ClO 的丰度只占总氯量的一小部分。ClO 的丰度在距地表约 40 千米的平流层上层达到峰值。在大气层的这一区域，臭氧的丰度在 20 世纪 90 年代末降至最低点，而此时平流层上层中 ClO 的丰度达到最大值。在平流层的中层和下层（距地表约 30 千米以下的高度），ClO 的丰度较低，这会限制极地以外地区的臭氧损耗量。

极地地区的氯含量

极地地区的氯代气体在秋季和冬末之间变化很大。现在，我们可以从太空观测到两极地区一年四季的气象和化学条件。南极上空臭氧层内 18 千米高度附近区域（靠近臭氧层中心，图 11-3）的秋季和深冬状况对比见图 7-3。这些观测记录了这两个季节在化学条件和温度方面的巨大差异。

在南半球的秋季，整个南极大陆的臭氧值都很高。温度适中，HCl 和 HNO₃ 丰度较高，而 ClO 丰度很低。高 HCl 丰度表明平流层中卤代气体已大量转化为这种储存性卤代气体。在 20 世纪 80 年代和 90 年代初，随着卤代气体排放量的增加，平流层中储存性气体 HCl 和 ClONO₂ 的丰度大幅上升。HNO₃ 是一种大气含量丰富、主要是自然形成的平流层化合物，在平流层臭氧化学中发挥着重要作用，它既能减缓臭氧损耗，又能冷凝形成 PSC，从而使储存性氯代气体转化为损耗臭氧的形式（见问题 9）。ClO 的含量较低，这表明南半球的秋季很少发生储存性氯代气体向反应性氯代气体的转化，从而限制了臭氧的化学损耗。

臭氧层内18千米高度附近区域的正常臭氧量 (2021年5月1日)

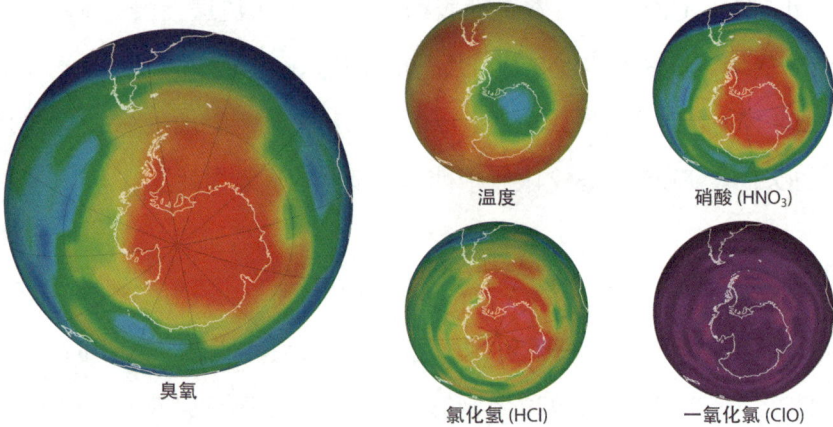

臭氧　　　　温度　　　硝酸 (HNO₃)

氯化氢 (HCl)　　　一氧化氯 (ClO)

臭氧层内18千米高度附近区域的严重臭氧损耗 (2021年9月15日)

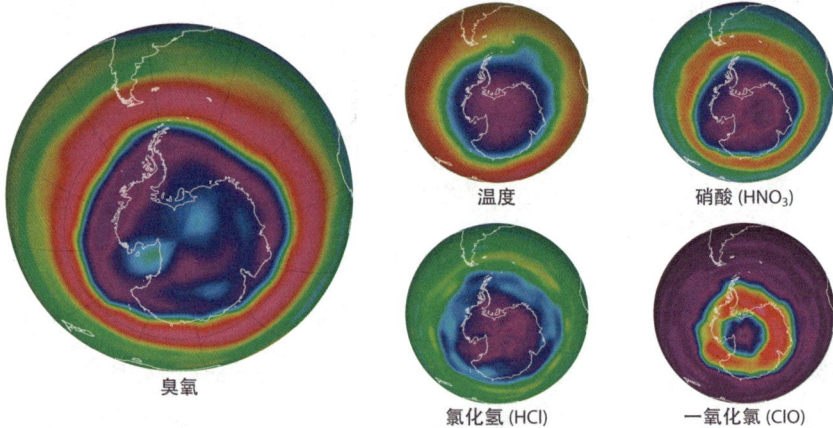

臭氧　　　　温度　　　硝酸 (HNO₃)

氯化氢 (HCl)　　　一氧化氯 (ClO)

温度和化学丰度

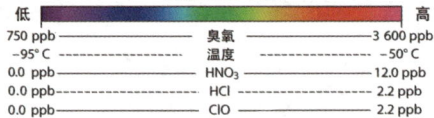

低		高
750 ppb	臭氧	3 600 ppb
−95° C	温度	−50° C
0.0 ppb	HNO₃	12.0 ppb
0.0 ppb	HCl	2.2 ppb
0.0 ppb	ClO	2.2 ppb

图 7-3　南极上空臭氧层的化学条件

对南极地区化学条件的观测凸显了与臭氧空洞形成有关的变化。卫星仪器定期监测全球平流层中的臭氧、反应性和储存性氯代气体以及温度。该图显示了在南极地区秋季（5月）和深冬（9月），对臭氧层内 18 千米高度附近区域的卫星观测结果（图 11-3）。南极上空的臭氧丰度在秋季达到较高值，此时臭氧损耗反应尚未开始，而臭氧损耗反应会导致大范围的臭氧损耗。高臭氧丰度的出现伴随适中的温度、较高的储存性卤代气体 HCl 和 HNO_3，以及较低的反应性 ClO 含量。当 ClO 丰度较低时，卤素对臭氧的损耗作用并不明显。在臭氧严重损耗的深冬季节，化学条件则大不相同，温度低得多，HCl 已转化为 ClO（最重要的反应性氯代气体），而 HNO_3 已通过极地平流层云粒子的重力沉降被去除。9 月南极附近的 ClO 含量较低，因为 ClO 的形成需要阳光，而阳光仍在逐渐返回到最南端的地区。冬末 ClO 含量高的地区覆盖面广，有时超过南极大陆，并可持续数月，导致冬末/春初阳光照射地区的臭氧被有效损耗。臭氧浓度一般在 10 月初至 10 月中旬达到最低值（见问题 11）。请注意，颜色条中两端的颜色表示超出指定值范围的数值。

[这里使用的单位"parts per billion"，缩写为"ppb"，是用来衡量某种物质在干燥空气中的相对丰度，ppb 等于每十亿（=10^9）个空气分子中含有一个气体分子（与图 6-1 中的 ppt 相比较）]。

　　到了深冬（9 月），南极平流层的组成发生了显著变化。很低的臭氧量反映了在 18 千米高空发生的、比南极大陆范围还广的臭氧大量损耗。在整个臭氧层的大部分高度范围内，南极臭氧空洞都是由类似的化学损耗造成的（图 11-3 中的高度剖面）。冬末的气象和化学条件与秋季截然不同，其特点是气温极低、HCl 和 HNO_3 含量极低以及 ClO 含量极高。冬季平流层温度低，太阳辐射热量减少。低 HCl 含量和高 ClO 含量反映了储存性氯代气体 HCl 和 $ClONO_2$ 向氯的最重要反应性形式 ClO 的转化。这种转化选择性地发生在冬季的 PSC，PSC 是在非常低的温度下形成的（见问题 9）。低浓度的 HNO_3 表明其凝结形成了 PSC，其中一些随后通过重力沉降落到了低海拔地区。高浓度的 ClO 通常会导致南极地区的臭氧损耗持续到 10 月中旬（春季），此时通常会观测到最低的臭氧值（见问题 10）。随着冬末气温的升高，PSC 的形成停止，ClO 重新转化为 HCl 和 $ClONO_2$（见问题 9），臭氧损耗也逐渐减少。

　　在北极的某些年份，秋季和冬末之间的气象和化学条件也发生了类似的变化，导致臭氧大量损耗。2020 年春季，北极臭氧达到了异常低值。非常稳定、寒冷且持续时间较长的北极平流层涡旋使卤素催化的化学臭氧损耗超过了 2011 年春季创下的臭氧损耗历史纪录（见问题 11）。只要 ODS 的浓度远高于自然水平，北极就将在寒冷的冬季 / 春季继续发生臭氧的大量化学损耗。

溴观测

与氯代气体相比，对平流层下层中的反应性溴代气体和储存性溴代气体的测量较少。造成这种差异的部分原因是溴的丰度较低，这使得对其在大气中的丰度进行量化更具挑战性。观测最广泛的溴代气体是 BrO，可以从太空中对其进行观测。据估计，平流层中有效溴的浓度高于人类活动产生的最重要的溴代源气体——哈龙和溴甲烷的分解所产生的浓度。这一差异首次直接证明了极短寿命的溴代源气体进入了平流层。随后，对极短寿命源气体的直接观测证实了它们的重要性。2020 年，略多于 1/4 的平流层溴总量来自这些天然存在的极短寿命源气体（见问题 6）。

问题 8. 损耗平流层臭氧的氯和溴反应是什么？

含氯和溴的反应性气体在由两个或多个独立反应组成的"催化"循环中损耗平流层臭氧。因此，一个氯原子或溴原子在离开平流层之前就能消耗数千个臭氧分子。这样，少量的反应性氯或溴就会对臭氧层产生巨大的影响。在冬末 / 春初，极地地区出现了一种特殊情况，最重要的反应性气体 ClO 的大量增加，导致臭氧严重损耗。

在卤代气体的化学转化过程中产生的反应性卤代气体会损耗平流层臭氧（图 7-1）。这些气体中反应性最强的是 ClO、BrO 以及氯原子（Cl）和溴原子（Br）。这些气体参与了损耗臭氧的三个主要反应循环。

循环 1

臭氧损耗循环 1 如图 8-1 所示。该循环由两个基本反应组成：ClO+O 和 Cl+O_3。循环 1 的最终结果是将一个臭氧分子和一个氧原子转化为两个氧分子。在每个循环中，氯都起着催化剂的作用，因为 ClO 和 Cl 都会发生反应并重新生成。以此方式，一个 Cl 参与了多个循环，损耗了许多臭氧分子。在中纬度或低纬度的典型平流层条件下，一个 Cl 在与另一种气体发生反应之前，可以损耗数千个臭氧分子，从而打破催化循环。因此，一个 Cl 在平流层中停留的总时间内可以摧毁成千上万个臭氧分子。

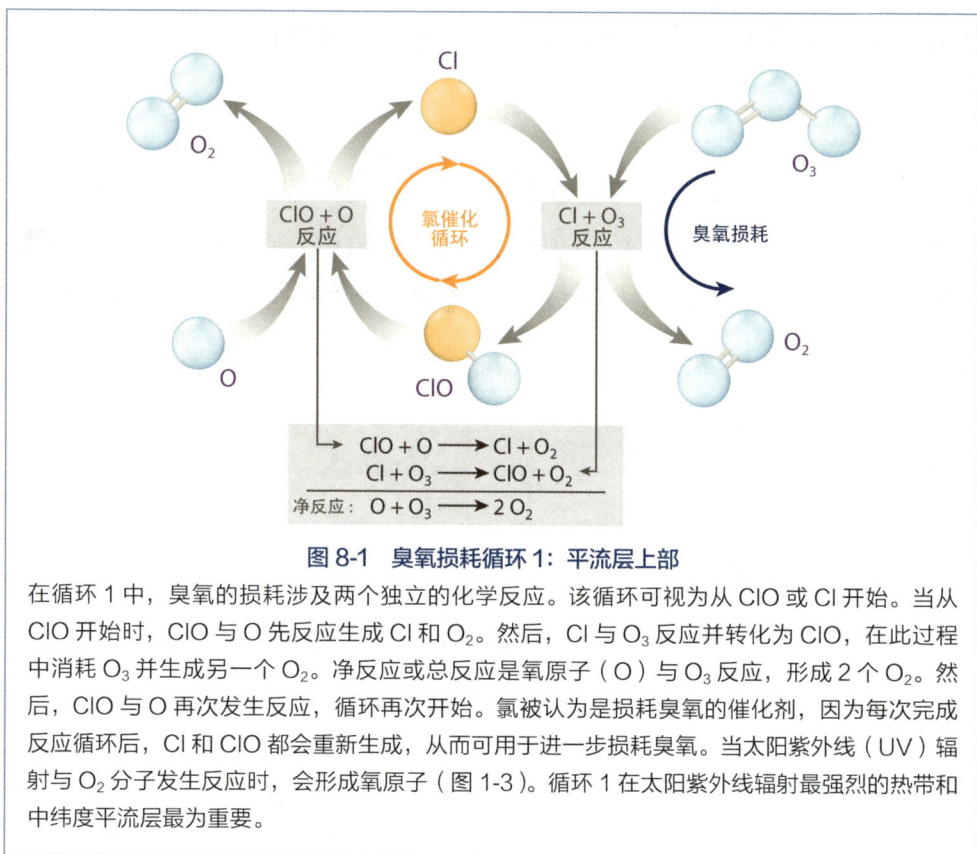

图 8-1　臭氧损耗循环 1：平流层上部

在循环 1 中，臭氧的损耗涉及两个独立的化学反应。该循环可视为从 ClO 或 Cl 开始。当从 ClO 开始时，ClO 与 O 先反应生成 Cl 和 O_2。然后，Cl 与 O_3 反应并转化为 ClO，在此过程中消耗 O_3 并生成另一个 O_2。净反应或总反应是氧原子（O）与 O_3 反应，形成 2 个 O_2。然后，ClO 与 O 再次发生反应，循环再次开始。氯被认为是损耗臭氧的催化剂，因为每次完成反应循环后，Cl 和 ClO 都会重新生成，从而可用于进一步损耗臭氧。当太阳紫外线（UV）辐射与 O_2 分子发生反应时，会形成氧原子（图 1-3）。循环 1 在太阳紫外线辐射最强烈的热带和中纬度平流层最为重要。

循环 2 和循环 3

与其他季节相比，冬末 / 春初时极地地区的 ClO 丰度会大幅增加，这是极地平流层云表面反应的结果（见问题 7 和问题 9）。循环 2 和循环 3（图 8-2）由于 ClO 的丰度较高，而氯原子的丰度相对较低（这限制了循环 1 的臭氧损耗），成为极地地区臭氧损耗的主要反应机制。循环 2 以 ClO 的自反应开始。循环 3 开始于 ClO 与 BrO 的反应，有两条反应途径，要么产生 Cl 和 Br，要么产生 BrCl。两个循环的最终结果都是损耗 2 个 O_3，生成 3 个 O_2。循环 2 和循环 3 是

冬末 / 春初时在北极地区和南极地区平流层观测到的大部分臭氧损耗的原因（见问题 10 和问题 11）。在 ClO 丰度较高的情况下，极地地区臭氧的损耗速度每天可达 2%～3%。

循环 2：

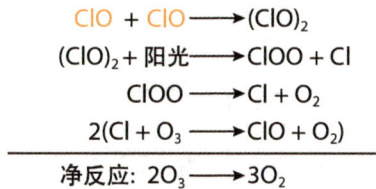

$$ClO + ClO \longrightarrow (ClO)_2$$
$$(ClO)_2 + 阳光 \longrightarrow ClOO + Cl$$
$$ClOO \longrightarrow Cl + O_2$$
$$2(Cl + O_3 \longrightarrow ClO + O_2)$$
净反应：$2O_3 \longrightarrow 3O_2$

循环 3：

$$ClO + BrO \longrightarrow Cl + Br + O_2$$
或 $\left(\begin{array}{l} ClO + BrO \longrightarrow BrCl + O_2 \\ BrCl + 阳光 \longrightarrow Cl + Br \end{array} \right)$
$$Cl + O_3 \longrightarrow ClO + O_2$$
$$Br + O_3 \longrightarrow BrO + O_2$$
净反应：$2O_3 \longrightarrow 3O_2$

图 8-2　臭氧损耗循环 2 和循环 3：极地地区

当 ClO 的丰度达到较大值时，极地地区的臭氧会在冬末和春初遭到严重损耗。在这种情况下，由 ClO 与另一个 ClO 反应（循环 2）或 ClO 与 BrO 反应（循环 3）引发的循环可有效地损耗臭氧。这两种情况下的净反应都是 2 个 O_3 生成 3 个 O_2。ClO 与 BrO 的反应有两种途径，形成 Cl 和 Br 气态产物，导致臭氧损耗。与图 8-1 中循环 1 类似，循环 2 和循环 3 对臭氧的损耗也是催化性的，因为氯代和溴代气体在每次完成反应循环时都会发生反应并重新生成。完成每个循环都需要阳光，以帮助生成和维持较高丰度的 ClO。在极夜和其他黑暗时期，臭氧无法被这些反应损耗。

太阳光需求

完成和维持这些反应循环需要阳光。循环 1 需要紫外线（UV）辐射（太阳光的一种成分），其强度足以将氧分子分解成氧原子。循环 1 在海拔约 30 千米以上的平流层中最为重要，那里的太阳 UV-C 辐射最为强烈（图 2-1）。

循环 2 和循环 3 也需要阳光。在极地平流层持续黑暗的冬季，反应循环 2 和循环 3 无法发生。需要阳光来分解 $(ClO)_2$ 和 BrCl，从而产生丰度足够大的 ClO 和 BrO，导致循环 2 和循环 3 的 O_2 快速损耗。这些循环在冬末 / 春初阳光返回极地地区时最为活跃。因此，臭氧的最大损耗发生在极地平流层受到阳光部分或者完全照射的隆冬时期。

循环 2 和循环 3 所需的 UV-A 和可见光（波长介于 400 纳米和 700 纳米之间）部分的太阳光不足以形成 O_3，因为这一过程需要能量更高的太阳 UV-C 辐射（见问题 1 和问题 2）。在冬末 / 春初，由于太阳高度角较低，极地平流层中只有 UV-A 和可见光太阳辐射。因此，春季阳光照耀下的极地平流层中循环 2 和循环 3 的臭氧损耗速度大幅超过臭氧生成速度。

其他反应

全球臭氧丰度受许多其他反应的控制（见问题 1）。例如，反应性氢和反应性氮参与了催化臭氧损耗循环，与上述反应类似，也在平流层中发生。反应性氢由平流层中 H_2O 和 CH_4 分解提供。CH_4 排放既有天然来源，也有各种人类活动。平流层中 H_2O 的丰度由热带对流层上层的温度以及平流层 CH_4 的分解控制。反应性氮由平流层 N_2O 分解提供，也由天然来源和人类活动排放。与反应性卤代气体相比，预计反应性含氢和含氮气体在臭氧损耗中的重要性在未来会增强，这是由于受到《蒙特利尔议定书》管控，反应性卤代气体在大气中的丰度正在下降，而 CH_4 和 N_2O 的丰度预计会由于各种人类活动而增加（见问题 20）。

问题 9. 既然整个平流层都存在消耗臭氧层物质，为什么南极上空会出现"臭氧空洞"？

消耗臭氧层物质会随着大气运动进行远距离传输，因此存在于整个平流层的臭氧层中。南极臭氧层的严重损耗被称为"臭氧空洞"，其发生是由于南极特有的气象和化学条件，而全球其他地方都不存在这种条件。南极冬季平流层温度极低，导致形成了 PSC。在 PSC 上发生的特殊化学反应，加上极地涡旋内的平流层空气与平流层其他区域空气的隔离，使平流层臭氧与氯和溴反应，从而在春季的南极上空产生臭氧空洞。

南极平流层臭氧在冬末和春初时的严重损耗被称为"臭氧空洞"（见问题 10）。南极上空出现臭氧空洞是因为该地区特有的气象和化学条件提高了反应性卤代气体损耗臭氧的效率（见问题 7 和问题 8）。南极臭氧空洞的形成需要以下几个条件的结合：温度低到足以形成 PSC、极地涡旋内的平流层空气与其他平流层区域空气隔离、阳光以及充足的有效氯（见问题 8）。

卤代气体分布

尽管大部分在地球表面排放且寿命超过 1 年的卤代气体（表 6-1）的排放发生在北半球，但这些卤代气体在两个半球的平流层中的丰度相当，这是因为大多数长寿命气体在低层大气中没有明显的自然清除过程，而且风和对流在整个对流层中有效地分配和混合空气的时间尺度为几周到几个月。卤代气体主要从热带对流层上层进入平流层，然后平流层的空气运动将这些气体向上输送，并向两个半球的极地输送。

极地低温

引发臭氧空洞的严重臭氧损耗需要覆盖平流层高度范围和广阔的地理区域并且持续时间较长的低温环境。低温之所以重要，是因为它允许液态和固态 PSC 颗粒形成。这些 PSC 颗粒内部和表面的化学反应会导致最重要的反应性氯代气体——ClO 的显著增加（见下文以及问题 7 和问题 8）。平流层中的空气通常过于温暖，无法形成云层。只有在冬季的极地地区，由于缺少阳光而导致空气变冷，气温才会低到足以形成 PSC。南极地区冬季的日最低气温通常比北极地区冬季低得多，变化也较小（图 9-1）。南极地区的气温在冬季低于 PSC 形成温度的时间也更长。由于中高纬度地区的陆地、海洋和山脉分布在两个半球之间存在差异，因此出现了这些差异和其他气象差异。因此，南极地区的某些地方在几乎整个冬季（约 5 个月）

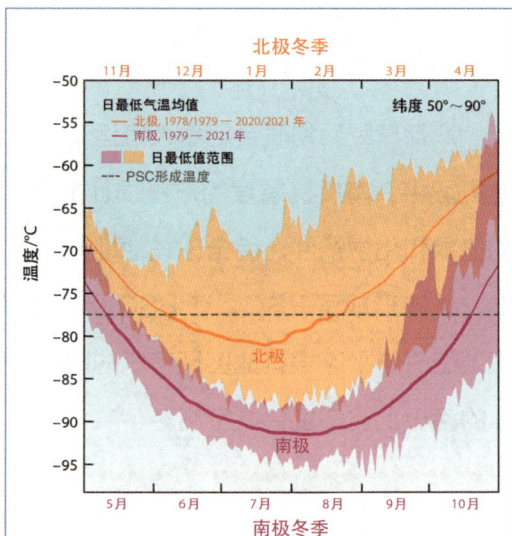

图 9-1　北极和南极的气温

两极地区平流层下层的气温在各自的冬季达到平流层下层的最低值。南极地区的日平均最低气温在一般年份的 7 月和 8 月低至 -92℃。在北极地区，12 月底和 1 月的平均最低气温接近 -80℃。PSC 是冬季最低气温低于其形成临界值（约 -78℃）时在臭氧层中形成的。这种情况平均每年在北极地区上空出现 1～4 个月，在南极地区上空出现约 5 个月（见橙色和品红色粗线）。液态和固态 PSC 颗粒内部和表面的化学反应会形成高反应性氯代气体 ClO，从而催化损耗臭氧（见问题 8）。北极地区冬季最低气温的范围比南极地区大得多。在某些年份，北极地区的温度达不到 PSC 的形成温度，因此北极地区不会出现严重的臭氧损耗。相较之下，南极地区每年总会有几个月的温度达到 PSC 的形成温度，因此南极地区每年冬季和春季都会出现严重的臭氧损耗（见问题 10）。

都可以形成 PSC, 而北极地区的大多数冬季只在有限的时间内（1～4 个月）可以形成 PSC。

隔离条件

极地地区的平流层空气在冬季长期处于相对隔离状态。这种隔离是由于冬季环绕极地的强风形成了极地涡旋, 阻止了大量空气进入或流出极地平流层。这种环流在冬季随着平流层温度的降低而增强。极地涡旋环流在南半球往往比在北半球更强, 因为与南纬地区相比, 北纬地区有更多的山区和海与陆相邻地区, 温度差异较大。这种情况导致北半球环流中出现更多的气象扰动, 增加了低纬度地区向极地地区的空气混合, 使北极平流层变暖。因此, 冬季南半球极地平流层的气温比北半球极地平流层低, 极地涡旋中的空气隔离在南极地区比在北极地区更有效。一旦温度降得足够低, 极地涡旋内就会形成 PSC, 并引起化学变化, 如 ClO 丰度的增加（见问题 8）。由于南极地区的平流层空气与外界隔绝, 这些变化会持续数周至数月。

极地平流层云

液态和固态 PSC 颗粒内部和表面的化学反应可大幅提高反应性氯代气体的相对丰度。这些反应将氯代气体的储存性形式——HCl 和 $ClONO_2$ 转化为最重要的反应性形式——ClO（图 7-3）。ClO 的丰度从占有效氯的一小部分增加到占所有有效氯的一半以上（见问题 7）。在 ClO 增加的情况下, 只要有阳光, ClO 和 BrO 的催化循环就会在臭氧的化学损耗过程中发挥作用（见问题 8）。

当极地的平流层温度低于 $-78℃$（$-108℉$）时, 就会形成不同类型的液态和固态 PSC 颗粒（图 9-1）。因此, 在冬季极地的大面积区域和两个半球的大范围海拔高度变化中, 通常都会发现 PSC, 其中南极的区域要比北极大得多, 时间也更久。最常见的 PSC 是由硝酸和水在预先存在的含液态硫酸的颗粒上冷凝形成的。其中一些颗粒会冻结形成固体颗粒。即使在更低的温度（-85℃）下，水也会冷凝形成冰粒。当 PSC 颗粒长得足够大、数量足够多时，在某些条件下，特别是当太阳接近地平线时，可以从地面观察到类似云的特征（图 9-2）。PSC 通常出现在极地地区的山脉附近，这是因为空气在山脉上空的运动会导致平流层局部冷却，从而增加水和 HNO_3 的凝结。

当平均气温在冬末开始上升时，PSC 的形成频率会降低，这就减缓了整个极地地区氯从储存性向反应性形式的转化。如果不继续产生，随着其他化学反应重新形成储存性氯代气体 $ClONO_2$ 和 HCl，ClO 的丰度就会下降。当气温上升到超过 PSC 形成阈值时，臭氧损耗最严重的时期就会结束，对于北极地区而言，结束时间通常

图 9-2　极地平流层云
这张北极极地平流层云的图片是 2000 年 1 月 27 日在瑞典基律纳（67°N）拍摄的。极地平流层云形成于冬季北极地区和南极地区气温较低的臭氧层中（图 9-1）。这些微粒由水、硝酸和硫酸凝结而成。当太阳接近地平线时，通过肉眼就能看到云层。PSC 表面和内部的反应会形成高反应性气体 ClO，它对臭氧的化学损耗非常高效（见问题 7 和问题 8）。

在 1 月底至 3 月初，对于南极地区而言，结束时间通常在 10 月中旬（图 9-1）。

硝酸和水的去除

最大的 PSC 颗粒一旦形成，就会在重力作用下下降到较低的高度。在低温的冬春季节，最大的颗粒可在几天内在平流层中下降数千米。由于 PSC 通常含

有相当一部分可用的 HNO_3，因此它们的下降会清除臭氧层区域的 HNO_3，这一过程被称为平流层脱硝。由于 HNO_3 是平流层中 NO_x 的来源，脱硝作用将 NO_x 从高反应性氯代气体 ClO 转化为储存性氯代气体 $ClONO_2$ 的过程中移除。因此，ClO 在较长时间内保持化学反应性，从而增加了对臭氧的化学损耗。南极地区每年冬天都会发生显著的脱硝作用，而北极地区只有偶尔的几个冬天会发生，因为必须在较大高度范围的海拔区域和时间段内维持 PSC 的形成温度，才能导致脱硝作用（图 9-1）。

冰粒的形成温度比 HNO_3 形成 PSC 所需的温度稍低。如果这些颗粒长得足够大，它们的重力沉降可以在整个冬季从臭氧层的各个区域中去除很大一部分水蒸气，这一过程被称为平流层脱水。由于形成冰所需的温度很低，脱水现象在南极地区很常见，而在北极地区则很少见。去除水蒸气不会直接影响损耗臭氧的催化反应。脱水会在冬季后期抑制 PSC 的形成，从而减少 PSC 反应产生的 ClO，间接影响臭氧的损耗。

极地平流层云作用的发现

在认识到 PSC 在极地臭氧损耗中的作用之前的几十年，人们已经可以对 PSC 进行地面观测。直到 20 世纪 70 年代末开始利用卫星仪器观测到 PSC，人们才完全了解 PSC 在两极地区的地理和高度范围。直到 1985 年发现南极臭氧空洞之后，人们才了解到 PSC 颗粒在将储存性氯代气体转化为 ClO 方面所起的作用。我们对 PSC 颗粒化学作用的认识是通过对其表面活性的实验室研究、极地平流层化学的计算机建模研究以及对极地平流层中的粒子和反应性氯代气体（如 ClO）的采样测量发展起来的。

南极臭氧空洞的发现

20 世纪 80 年代初，位于南极大陆上的研究站首次观测到南极臭氧总量的减少。这些测量是通过安装在地面上的多布森分光光度计（见问题 4）进行的，这是在 1957 年开始的国际地球物理年期间，为增加地球大气观测所做的部分工作（图 0-1）。观测结果表明，在冬末／春初时（9 月、10 月和 11 月），南半球的臭氧总量异常低。与早在 1957 年进行的观测结果相比，20 世纪 80 年代初这些月份的臭氧总量更低。早期发表的报告来自日本气象厅和英国南极调查局。1985 年，英国南极调查局的 3 位科学家在著名的科学杂志《自然》上发表了他们的观测结果。他们认为，大气中 CFCs 丰度的上升是从 20 世纪 70 年代初开始连续几年的 10 月观测到哈雷湾研究站（76°S）上空臭氧总量持续下降的原因。不久后，卫星测量结果证实了春季臭氧损耗的情况，并进一步表明，从 20 世纪 80 年代初开始的每个冬末／春初，臭氧损耗的范围都扩展到以南极附近为中心的大片区域。每年 10 月（南半球的春季），南极大陆上空都会出现数周的极低臭氧总值，这在卫星图像中显而易见（见问题 10），"臭氧空洞"一词由此而来。目前，南极臭氧空洞的形成和严重程度每年都通过卫星、地面和气球对臭氧的综合观测加以记录。

早期的南极臭氧测量 继在北半球和北极地区进行广泛测量之后，20 世纪 50 年代首次使用多布森分光光度计在南极地区进行了臭氧总量测量。在南极春季观测到的臭氧总量值约为 300 多布森单位，低于北极春季的值。南极的数值令人吃惊，因为当时的假设是两极地区的数值相似。我们现在知道，20 世纪 50 年代南极的数值并非异常；事实上，在臭氧空洞出现之前的 20 世纪 70 年代初，在南极附近也观测到了类似的数值（图 10-3）。南极早春的臭氧总量总体低于北极早春的臭氧总量，这是因为南半球的极地涡旋更强、更冷，因此会更有效地减少富含臭氧的空气从中纬度地区向极地地区输送（比较图 10-3 和图 11-2）。

第三部分 平流层臭氧损耗

Part 3 Stratospheric Ozone Depletion

问题 10. 南极臭氧层损耗的严重程度如何?

南极臭氧层的严重损耗首次报道于 20 世纪 80 年代中期。南极臭氧损耗是季节性的,主要发生在冬末和春初(8—11 月)。损耗高峰出现在 10 月初,此时一定高度范围内的平流层臭氧被完全损耗,从而使部分地点的臭氧总量的减少量高达 2/3。这种严重损耗造成的"臭氧空洞"在使用卫星仪器获取的南极臭氧总量图像中非常明显。在大多数年份,臭氧空洞的最大面积远超南极大陆的面积。

南极臭氧的严重损耗,即所谓的"臭氧空洞",最早见于 20 世纪 80 年代中期的报道(见问题 9)。这种损耗可归因于反应性卤代气体的化学损耗(见问题 7 和问题 8),在 20 世纪后半叶,平流层中的反应性卤代气体有所增加(见问题 15)。南极冬季和早春平流层中的条件加剧了臭氧损耗,这是因为:①极夜期间长时间的极低温度导致 PSC 的形成;② PSC 反应产生大量反应性卤代气体;③极地平流层空气的隔离,使得化学损耗过程有时间在阳光恢复之后发生。通过卫星观测臭氧总量和臭氧与海拔的关系,可以了解南极臭氧损耗的严重程度和长期变化。

南极臭氧空洞

最广泛使用的南极臭氧损耗图像来自卫星仪器对臭氧总量的测量。南极早春测量图显示,以南极附近为中心的大片区域的臭氧总量严重损耗(图 10-1)。由于地图上的低臭氧值轮廓接近圆形,因此这一区域被称为"臭氧空洞"。这里所说的特定年份的臭氧空洞区域是指 9 月 21—30 日,臭氧总量地图上 220 多布森单位

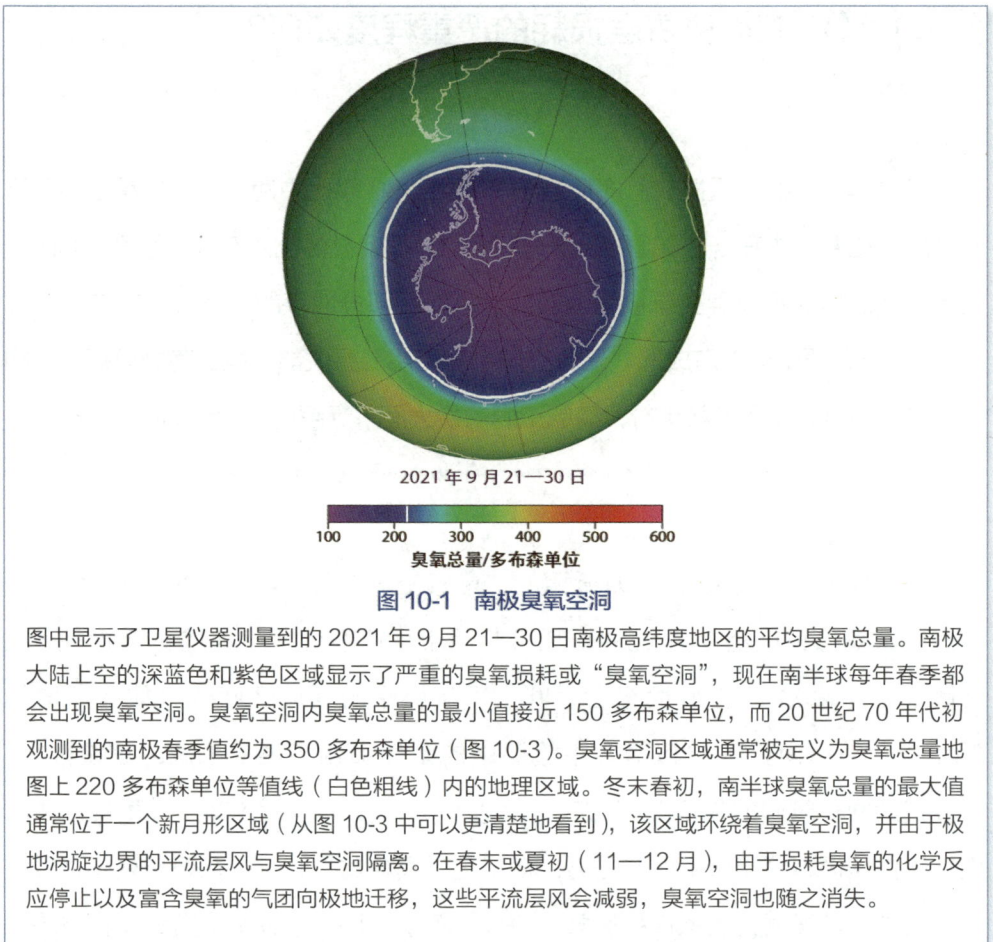

2021 年 9 月 21—30 日

100　　200　　300　　400　　500　　600
臭氧总量/多布森单位

图 10-1　南极臭氧空洞

图中显示了卫星仪器测量到的 2021 年 9 月 21—30 日南极高纬度地区的平均臭氧总量。南极大陆上空的深蓝色和紫色区域显示了严重的臭氧损耗或"臭氧空洞"，现在南半球每年春季都会出现臭氧空洞。臭氧空洞内臭氧总量的最小值接近 150 多布森单位，而 20 世纪 70 年代初观测到的南极春季值约为 350 多布森单位（图 10-3）。臭氧空洞区域通常被定义为臭氧总量地图上 220 多布森单位等值线（白色粗线）内的地理区域。冬末春初，南半球臭氧总量的最大值通常位于一个新月形区域（从图 10-3 中可以更清楚地看到），该区域环绕着臭氧空洞，并由于极地涡旋边界的平流层风与臭氧空洞隔离。在春末或夏初（11—12 月），由于损耗臭氧的化学反应停止以及富含臭氧的气团向极地迁移，这些平流层风会减弱，臭氧空洞也随之消失。

等值线内的地理区域（图 10-1 中的白色粗线）。2006 年，该区域的最大面积达 2 800 万平方千米，是南极大陆面积的 2 倍多（图 10-2）。9 月底至 10 月中旬臭氧空洞内臭氧总量的平均最小值接近 120 多布森单位，仅为 20 世纪 70 年代初观测到的春季值（约 350 多布森单位）的 1/3（图 10-3 和图 11-1）。臭氧空洞内较低的臭氧总量与臭氧空洞外较大臭氧总量的分布形成了强烈对比。从图 10-1 中可以看到这一共同特征，即在 2021 年 9 月，臭氧空洞周围出现了一个臭氧总量值约为 350 多布森单位的广阔地理区域，即极地涡旋的范围，该涡旋阻碍了富含臭氧的中纬度空气向极地地区输送（见问题 9）。

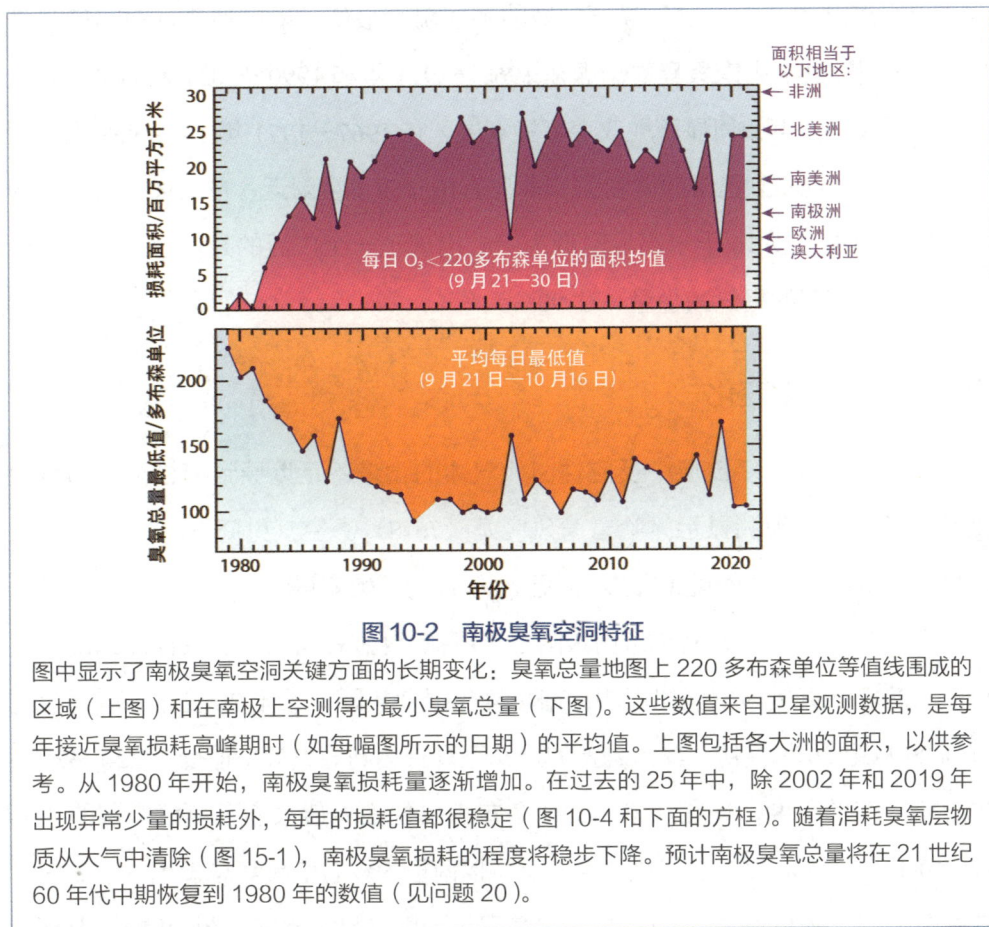

图 10-2　南极臭氧空洞特征

图中显示了南极臭氧空洞关键方面的长期变化：臭氧总量地图上 220 多布森单位等值线围成的区域（上图）和在南极上空测得的最小臭氧总量（下图）。这些数值来自卫星观测数据，是每年接近臭氧损耗高峰期时（如每幅图所示的日期）的平均值。上图包括各大洲的面积，以供参考。从 1980 年开始，南极臭氧损耗量逐渐增加。在过去的 25 年中，除 2002 年和 2019 年出现异常少量的损耗外，每年的损耗值都很稳定（图 10-4 和下面的方框）。随着消耗臭氧层物质从大气中清除（图 15-1），南极臭氧损耗的程度将稳步下降。预计南极臭氧总量将在 21 世纪 60 年代中期恢复到 1980 年的数值（见问题 20）。

南极臭氧的高度剖面图

　　臭氧空洞内臭氧总量值偏低的原因是平流层下层的臭氧几乎完全耗尽。气球载臭氧仪器（见问题 4）表明，这种损耗发生在臭氧层内，而臭氧层通常是臭氧丰度最高的高度区域。在臭氧总值最低的地理位置，臭氧探测仪的测量结果表明，臭氧的化学损耗通常在高度为几千米的区域内完成。例如，在 2020 年 10 月 10 日南极上空的臭氧分布图中（图 11-3 左图中的红线），14～20 千米高度区域的臭氧丰度基本为零。这一高度区域的冬季温度最低，反应性 ClO 的丰度最高（图 7-3）。图 11-3 中南极臭氧剖面在 1967—1971 年和 1990—2021 年的平均差异显示了反应性卤素如何显著地改变了臭氧层。在 1967—1971 年 10 月的平均剖面图中可以清楚地看到正常的臭氧层，峰值在 16 千米高度附近。在 1990—2021 年的平均剖面图中，以 16 千米高度附近为中心出现了一个广泛的最低点，与正常值相比，某些高度的臭氧减少量高达 90%。

臭氧总量的长期变化

1960 年以前，平流层中反应性卤代气体的含量不足以导致南极臭氧的重大化学损耗。地面观测显示，哈雷湾研究站（76°S）上空（见问题 9）每年 10 月的臭氧总量持续下降的现象在 20 世纪 70 年代初开始变得明显。

卫星观测显示，1979 年，南极附近 10 月的臭氧总量略低于其他高纬度地区（图 10-3）。计算机模型模拟表明，南极臭氧损耗实际上始于 20 世纪 60 年代初。直到 20 世纪 80 年代初，臭氧总量的损耗还没有达到导致最小值低于 220 多布森单位临界值的程度，现在通常用 220 多布森单位临界值来表示臭氧空洞的边界（图 10-1）。从 20 世纪 80 年代中期开始，以南极为中心的臭氧总量远低于 220 多布森单位的区域开始在 10 月的臭氧总量卫星地图上显现出来（图 10-3）。卫星仪器对臭氧总量的观测可以用多种方式来研究南极地区在过去 50 年中臭氧损耗的变化情况，其中包括：

第一，图 10-2 显示的臭氧空洞区域表明，从 1980 年开始，臭氧损耗区域不断扩大，然后在 1990—2015 年的变化相当稳定，最终达到 2 500 万平方千米的面积（大约相当于北美洲的面积）。例外情况是 2002 年和 2019 年出现了异常的低损耗区，本问题末尾对此进行了解释。

第二，图 10-2 显示的南极臭氧最小值表明，从 1980 年前后开始，随着臭氧空洞面积的增大，臭氧损耗的严重程度也随之上升。除 2002 年和 2019 年外，1990—2009 年观察到的臭氧总量最低值基本稳定在 110 多布森单位。有迹象表明，自 20 世纪 10 年代初以来，臭氧总量的最小值有所上升。然而，在 2020 年和 2021 年，异常寒冷的条件导致产生了大而持久的臭氧空洞，而在 2019 年，天气扰动导致产生了小而浅的臭氧空洞。2019 年、2020 年和 2021 年的臭氧空洞表明了臭氧空洞状况年际变化的重要性，这对确定 ODS 水平下降导致的臭氧空洞恢复提出了挑战。

第三，南极和周边地区的臭氧总量图（图 10-3）显示了臭氧空洞是如何随着时间的推移而发展的。10 月的平均值显示了 20 世纪 70 年代没有臭氧空洞以及 1985 年发现臭氧空洞前后的臭氧空洞范围（见问题 9），随后是整个 20 世纪 90 年代、21 世纪 10 年代和 20 年代初的发展过程。

第四，每年 10 月从 63°S 到南极的臭氧总量平均值（图 11-1）显示了南极地区臭氧总量的变化情况。在臭氧空洞出现的最初几年，臭氧总量急剧下降，现在极地臭氧总量的平均值较臭氧空洞出现前的年份（1970—1982 年）减少了约 30%。自 2000 年以来，南极地区臭氧的年际变化明显增大。

南极臭氧空洞消失

南极臭氧的严重损耗发生在每年春季。10 月中旬，极地低平流层的温度开始上升（图 9-1），最终上升到阻止 PSC 形成和 ClO 生成的水平。因此，损耗臭氧的最有效的化学循环被切断（见问题 8）。通常情况下，极地涡旋会在 11 月底或 12 月初瓦解，结束高纬度空气的隔离，增加南极平流层与低纬度空气的交换。这种交换使大量富含臭氧的空气向极地输送，在那里，富含臭氧的空气会取代或与缺乏臭氧的空气混合。由于这一大规模的输送和混合过程，臭氧空洞通常会在 12 月中旬消失。

10月月均值

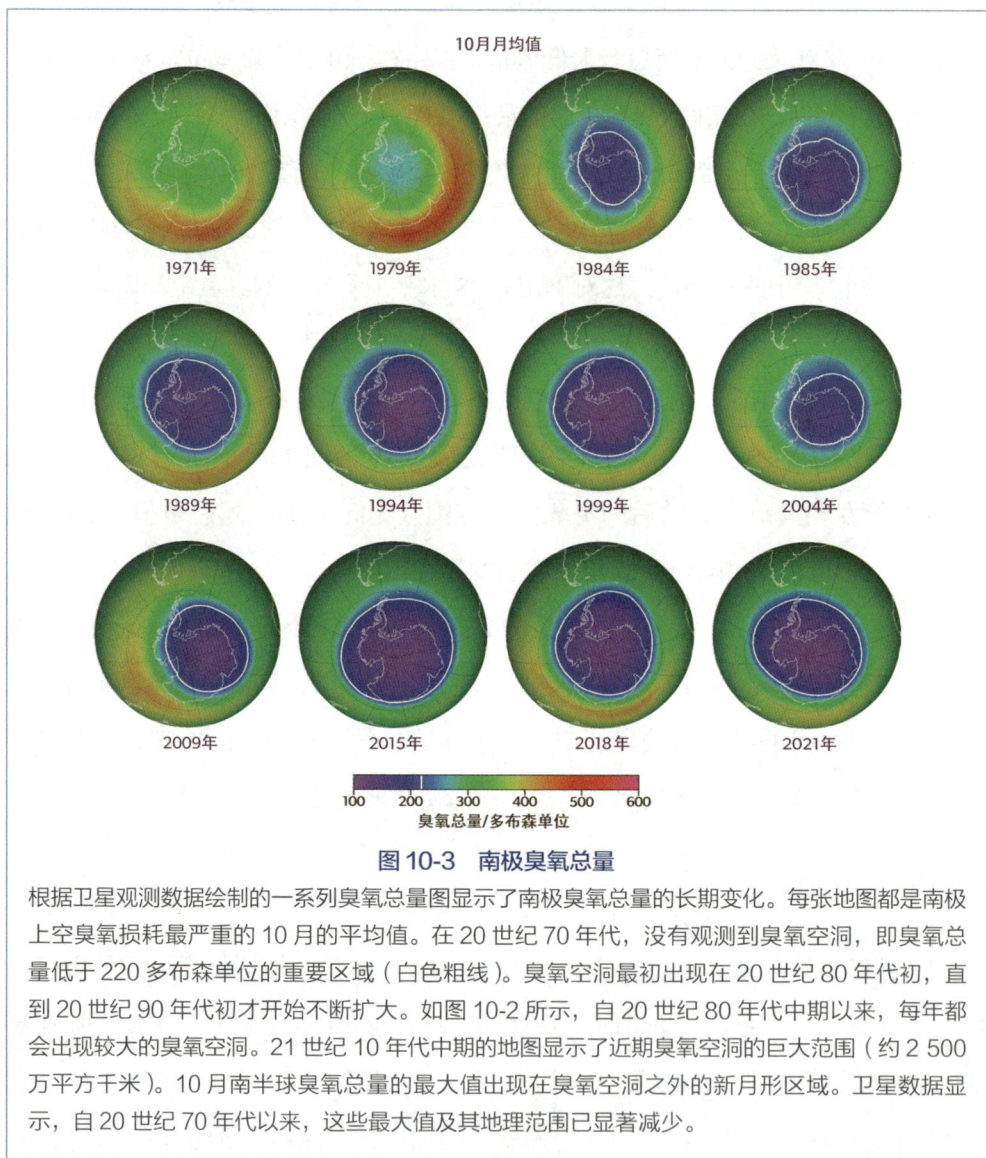

图 10-3　南极臭氧总量

根据卫星观测数据绘制的一系列臭氧总量图显示了南极臭氧总量的长期变化。每张地图都是南极上空臭氧损耗最严重的 10 月的平均值。在 20 世纪 70 年代，没有观测到臭氧空洞，即臭氧总量低于 220 多布森单位的重要区域（白色粗线）。臭氧空洞最初出现在 20 世纪 80 年代初，直到 20 世纪 90 年代初才开始不断扩大。如图 10-2 所示，自 20 世纪 80 年代中期以来，每年都会出现较大的臭氧空洞。21 世纪 10 年代中期的地图显示了近期臭氧空洞的巨大范围（约 2 500 万平方千米）。10 月南半球臭氧总量的最大值出现在臭氧空洞之外的新月形区域。卫星数据显示，自 20 世纪 70 年代以来，这些最大值及其地理范围已显著减少。

南极臭氧空洞的长期恢复

有迹象表明，自 2000 年以来，南极臭氧空洞的规模和最大臭氧损耗（严重程度）已经减小。9 月，即南半球的早春，恢复迹象最为明显。尽管考虑自然变率对臭氧空洞大小和深度的影响具有挑战性，但大量证据表明，自 2000 年以来平流层中反应性卤代气体数量的减少对 9 月观测到的臭氧空洞大小和深度的减少作出了重大贡献。要减少南极臭氧损耗，使臭氧总量完全恢复到 20 世纪 80 年代初观测到的数值，就需要持续不断地减少平流层中的消耗臭氧层物质。即使卤代气体已经开始减少（见问题 15），预计南极臭氧总量要到 21 世纪 60 年代中期才能恢复到 1980 年的数值（见问题 20）。

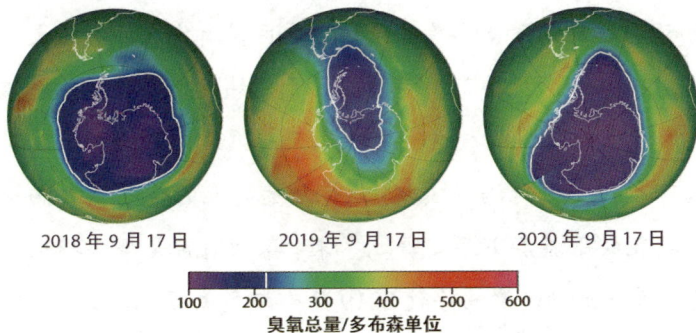

| 2018 年 9 月 17 日 | 2019 年 9 月 17 日 | 2020 年 9 月 17 日 |

| 100 | 200 | 300 | 400 | 500 | 600 |

臭氧总量/多布森单位

图 10-4　2019 年异常的南极臭氧空洞

图中显示了 2018 年、2019 年和 2020 年连续 3 年于 9 月 17 日从太空观测到的南极臭氧空洞。2018 年和 2020 年的臭氧空洞被认为是自 20 世纪 90 年代末以来观测到的典型臭氧空洞。从 8 月下旬开始，大量空气从中纬度地区进入臭氧空洞区域，改变了 2019 年最初的圆形空洞。由中纬度对流层气象扰动引发的这一异常事件将大量臭氧从中纬度地区输送到臭氧空洞区域，并导致温度升高，从而降低了 2019 年的臭氧损耗速度。因此，2019 年臭氧总量较低的区域偏离了正常的环极位置，以臭氧空洞面积或最低臭氧总量衡量的 2019 年臭氧损耗量远低于 2018 年或 2020 年（图 10-2）。

2019 年南极臭氧空洞

　　与 2018 年和 2020 年的臭氧空洞相比，以臭氧空洞面积或最低臭氧总量衡量，2019 年南极臭氧空洞的臭氧损耗要少得多。从图 10-2 显示的这些数量的逐年变化来看，2019 年的数值以及 2002 年观测到的数值非常突出。这些异常现象都是由于异常温暖的气象条件造成的。

　　2019 年臭氧空洞最初如预期的那样于 8 月形成。8 月底，出现了异常天气模式，导致中纬度地区的空气进入臭氧空洞区域。受这一气象干扰的影响，臭氧总量低的区域在 2019 年 9 月偏离了通常以南极为中心的圆形位置（图 10-4）。在 2019 年 9 月的前两周，含有异常大量臭氧的空气从中纬度地区进入南极平流层，21 世纪以来最小的臭氧空洞得以形成，这也是自 1984 年发现臭氧空洞以来在每年 9 月观测到的最小的臭氧空洞之一（图 10-2）。

　　2019 年意料之外的气象影响源于极地地区时有发生的特殊大气运动。气象分析表明，2019 年的扰动是由年初起源于中纬度低层大气（对流层）的强烈、大尺度天气系统引发的。这种对流层天气系统向极地和平流层延伸，扰乱了正常的环极风（极地涡旋），将含有大量臭氧的空气带入涡旋，并使正在发生臭氧损耗的平流层下层变暖。冬末 / 春初通常是臭氧损耗过程最有效的时期，这种天气扰动的影响导致 2019 年南极臭氧损耗减少。

　　2002 年发生了类似的平流层变暖事件，导致臭氧空洞面积和最小臭氧总量值与 2019 年观测到的数值相当（图 10-2）。与 2002 年和 2019 年观测到的情况相比，1988 年的另一次变暖事件造成的臭氧空洞特征变化要小一些。大型变暖事件很难预测，因为导致其形成的条件非常复杂。2020 年和 2021 年臭氧空洞的大小和最大臭氧损耗（严重程度）恢复到与 20 世纪 90 年代末以来观测到的数值相似的值（图 10-2 和图 10-3）。

问题 11. 北极臭氧层是否遭到损耗？

是的，现在大多数年份的冬末／春初（1—3 月）都会出现北极臭氧层严重损耗的现象。然而，由于北极极地平流层的气象条件更加多变，北极臭氧层损耗的严重程度不如南极地区，而且年际差异较大。即使是最严重的北极臭氧损耗也不会导致臭氧总量像南极那样低，因为在臭氧损耗开始之前的初冬，北极的臭氧丰度要比南极的臭氧丰度大得多。因此，南极平流层中出现的大范围和经常性的"臭氧空洞"不会在北极出现。

近几十年来，已在北极平流层观测到臭氧的严重损耗。臭氧损耗的原因是反应性卤代气体造成的化学损耗（见问题 8），20 世纪后半叶，平流层中的反应性卤代气体有所增加（见问题 15）。北极的损耗也发生在冬末／春初（1—3 月），但时间比南极的（7—10 月）短一些。与南极类似（见问题 10），北极臭氧损耗发生的原因包括：①气温极低，导致 PSC 的形成；②在 PSC 上发生的反应中产生大量反应性卤代气体；③极地平流层空气与外界隔绝，使化学损耗过程有时间在阳光重新照射之后发生。然而，这些条件在北极地区比在南极地区出现得少。

在北极地区春季观测到的臭氧总量（图 11-1），即使在臭氧损耗严重的年份，也比在南极地区春季通常观测到的臭氧总量要高。在南极平流层发现的大范围和经常性的臭氧空洞不会在北极出现。在臭氧损耗开始之前的初冬，北极的平流层臭氧丰度天然要高于南极，这是因为臭氧从热带地区向高纬度地区的输送在北半球更为强烈。此外，北极的臭氧损耗也受到限制，因为与南极条件相比，北极平流层的平均温度总是明显更高（图 9-1），隔离极地平流层空气的效果较差（见问题 9）。产生这些差异的原因是与南纬地区相比，北纬地区有更多的山区和对比鲜明的海洋与陆地区域（比较图 10-3 和图 11-2），这造成了更多的气象扰动，使北极平流层变暖（见问题 10）。因此，北极臭氧损耗的程度和时间每年都有很大的变化。

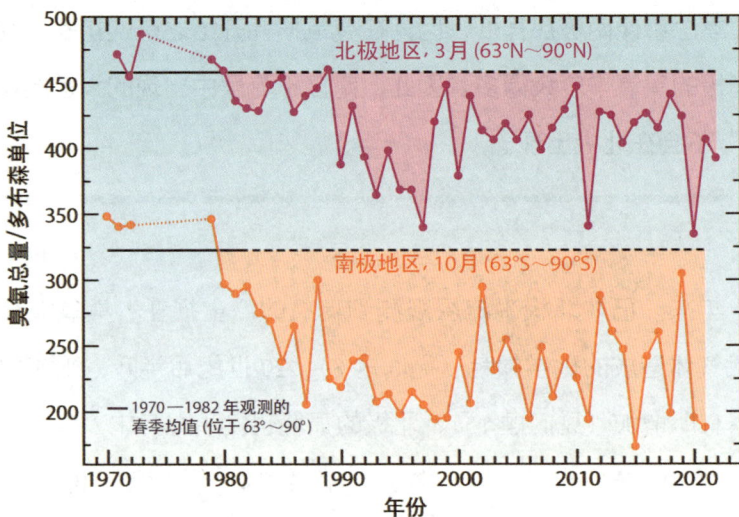

图 11-1   极地平均臭氧总量

图中显示了用卫星仪器测量的南极地区和北极地区臭氧总量的长期变化。这些测量值是北极地区 3 月和南极地区 10 月的极点至 63° 纬度的平均值，并以多布森单位表示（见问题 4）。参考值（黑线）是 1970—1982 年观测到的春季臭氧总量的平均值。1982 年以后，北极地区大部分年份和南极地区所有年份都出现了明显的臭氧损耗。自 1990 年以来，南极地区的平均损耗量最大。臭氧变化是由化学损耗和气象条件的自然波动共同造成的，这些变化影响了臭氧的年际值，尤其是在北极地区。自 2000 年以来，南极地区臭氧总量的年际变化量有所增加。

在某些冬春季节，北极臭氧损耗持续数周，在其他季节只持续很短时间。这些差异受北极涡旋环流系统的稳定性和温度控制。气象条件会影响北极平流层空气环流的强度以及输送到极地地区的臭氧量。当北极涡旋减弱和中断时，极地地区的臭氧量就会增加，由于气温高于正常水平，更多的臭氧会被风输送到高纬度地区。相反，强劲而稳定的涡旋会导致北极地区的臭氧总量低于正常水平，原因是化学损耗更严重，臭氧向极地的输送更弱。

长期臭氧总量变化

卫星观测有两个重要的用途，一是研究北极地区过去半个世纪的平均臭氧总丰度，二是将这些数据与南极地区的丰度进行对比。

首先，每年 3 月 63°N 以北至极点的平均臭氧总量显示了北极地区臭氧总量的变化情况（图 11-1）。北半球富含臭氧的空气向极地和向下的季节性输送更强。因此，在臭氧损耗开始之前，北极臭氧总量的正常值接近 450 多布森单位，而南极的值接近 330 多布森单位。臭氧总量与 1970—1982 年平均值（图 11-1 中的水平线）之间的变化是由卤素的化学损耗和气象（自然）波动共同造成的。在过去 25 年中，这两方面对北极地区观测到的臭氧年际变化的影响大致相同。到 20 世纪 80 年代中期，在北极地区观测到臭氧空洞出现前的平均值（1970—1982 年）有所下降，而此时南极地区已经发生了较大的变化。北极地区臭氧总量的降幅通常比南极地区的降幅小得多，导致的臭氧总量值通常比正常值低 10%～20%。1997 年、2011 年和 2020 年的 3 月，在北极相当大的区域观测到的臭氧总量最大降幅约为 30%（图 11-2），这与南极的损耗情况最为相似。在北极的这 3 个冬季中，气象条件都抑制了富含臭氧的空气向高纬度地区的输送，而在 2011 年和 2020 年，持续的低温加剧了反应性卤素对臭氧的严重化学损耗（见问题 8）。

其次，北极地区的臭氧总量（图 11-2）显示了 3 月臭氧总量的逐年变化。20 世纪 70 年代，北极地区 3 月的臭氧总量平均值接近 450 多布森单位。从 20 世纪 90 年代开始持续到现在，3 月的平均臭氧总量地图中 450 多布森单位以上的数值越来越少。例如，对 20 世纪 70 年代和 2020 年的地图进行比较后发现，整

个北极地区的臭氧总量明显减少。在 1997 年、2011 年和 2020 年 3 月的臭氧总量
分布图中，臭氧总量偏低的地理范围很大，这代表过去 50 年北极观测记录中的
异常事件，如上文对图 11-1 的讨论中所述。2011 年 3 月、2014 年 3 月、2020 年
3 月和 2021 年 3 月观测到的北极臭氧分布之间的大范围差异是气象影响北极臭氧
损耗年际变化的最好例证。尽管极地平流层中反应性气体的浓度从 2000 年开始下
降，但几乎没有证据表明北极臭氧已经恢复。与南极相比，北极的臭氧损耗量较
小，再加上北极臭氧年际自然波动较大，因此很难监测到北极臭氧的恢复情况。

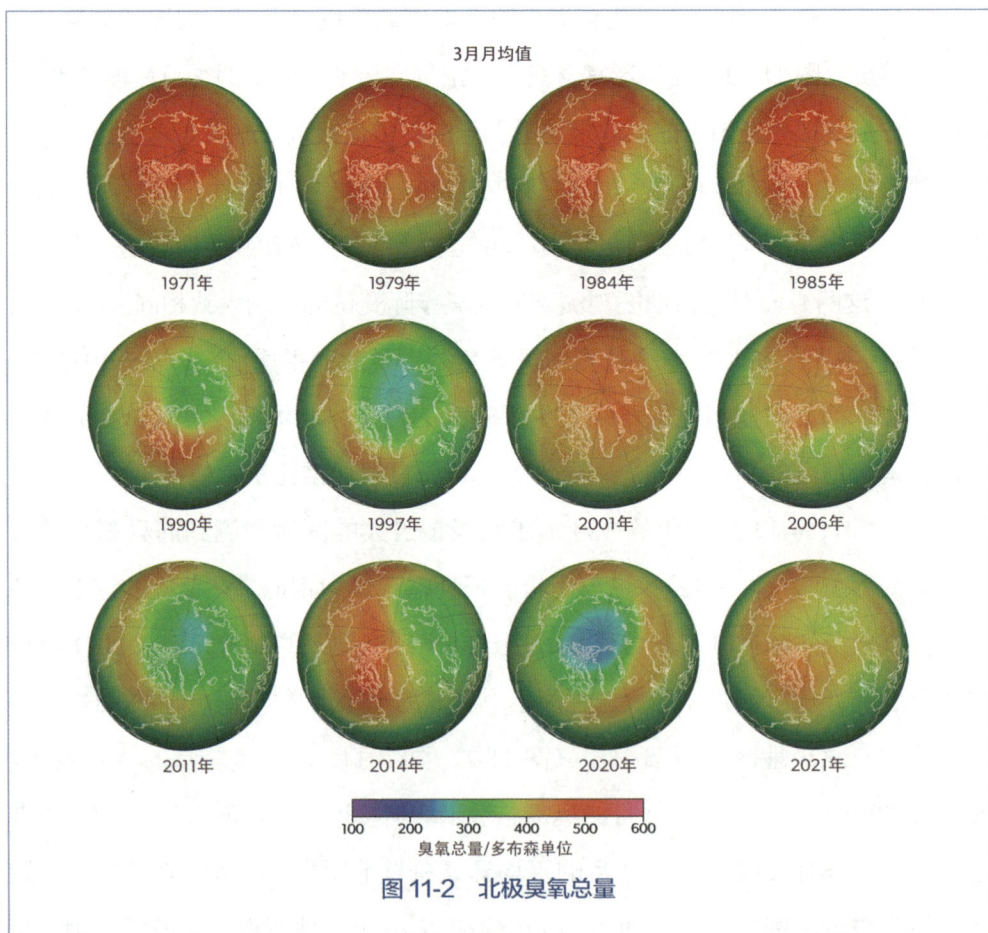

图 11-2　北极臭氧总量

根据卫星观测数据绘制的一系列臭氧总量图显示了北极臭氧总量的长期变化。每张分布图都是 3 月的平均值，3 月通常是北极地区观测到臭氧损耗的月份。在长达半个世纪的卫星数据记录中，所选择的年份凸显了北极臭氧强烈的年际变化以及随着时间推移臭氧总量逐渐降低的趋势。在 20 世纪 70 年代和 80 年代，北极地区 3 月的臭氧总量正常，其值在 450 多布森单位及以上（红色），北极地区没有出现像南极臭氧空洞那样的低臭氧总值。相反，在冬末和春初，臭氧损耗降低了臭氧总量的正常高值。与 20 世纪 70 年代相比，从 20 世纪 90 年代开始的大多数年份中，臭氧总量在 450 多布森单位及以上的地理范围有所缩小。1997 年、2011 年和 2020 年 3 月出现的大面积臭氧总量偏低区域（蓝色）在北极地区的记录中并不常见（图 11-1）。这 3 个冬季的气象条件导致平流层温度低于平均水平，存在较强的极地涡旋，这些条件有利于反应性卤代气体对臭氧的剧烈损耗。

北极臭氧垂直剖面

与南极一样，北极臭氧也是通过各种仪器测量的（见问题 4）。这些测量结果记录了臭氧层内每日到每季的变化。图 11-3 显示了北极春季和南极春季气球载臭氧测量结果。北极剖面数据来自 79°N 的新奥勒松研究站。1990—2021 年，3 月平均值显示存在厚度较大的臭氧层，与同期 10 月平均值中严重损耗的南极臭氧层形成鲜明对比。这种对比进一步显示尽管这两个地区的卤代气体丰度相似（见问题 7），但较高的平流层温度、更多变的气象条件以及隆冬时节较多的臭氧量保护了北极臭氧层，使其不会像南极臭氧层经常出现的那样，在较高的海拔地区出现臭氧几乎完全损耗的情况。

图 11-3 显示的 2011 年 4 月 4 日和 2020 年 3 月 28 日的北极臭氧剖面是新奥勒松站 30 年记录中损耗最严重的两次。北极臭氧在 2020 年春季达到了异常的低值，这是因为出现了一个非常稳定、寒冷且持续时间长的极地涡旋，导致臭氧向极地的输送量低于正常水平，使臭氧在卤素催化下发生了大范围的化学损耗，其损耗量超过了 2011 年春季创纪录的损耗量（图 11-1）。据估计，2020 年 3 月北极涡旋上空的平均化学损耗约为 120 多布森单位，几乎等于图 11-3 所示的 2020 年

3 月 28 日剖面图与 1991—2021 年平均剖面图的臭氧总值之差。2020 年春季北极臭氧化学损耗的程度与南极上空经常出现的损耗程度相似。

只要消耗臭氧层物质的浓度远高于自然水平，北极臭氧在寒冷的冬季和春季将继续出现大量的化学损失。尽管 2011 年和 2020 年北极臭氧损耗量很大，但 15～20 千米高空的臭氧量远大于南极 10 月的常规观测值，如图 11-3 所示的 2020 年 10 月 10 日的剖面图。在南极平流层中，高度超过几千米、面积几乎与北美洲一样大的臭氧近乎完全耗尽的情况经常发生（图 10-2）。

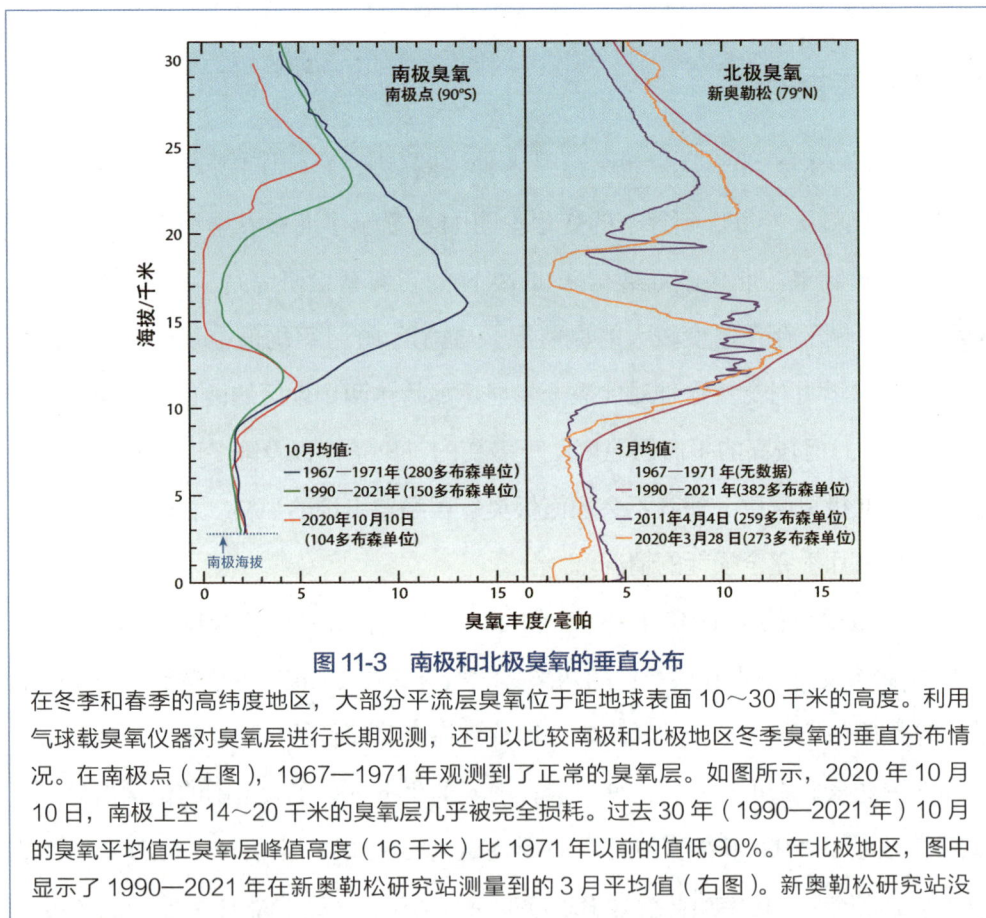

图 11-3　南极和北极臭氧的垂直分布

在冬季和春季的高纬度地区，大部分平流层臭氧位于距地球表面 10～30 千米的高度。利用气球载臭氧仪器对臭氧层进行长期观测，还可以比较南极和北极地区冬季臭氧的垂直分布情况。在南极点（左图），1967—1971 年观测到了正常的臭氧层。如图所示，2020 年 10 月 10 日，南极上空 14～20 千米的臭氧层几乎被完全损耗。过去 30 年（1990—2021 年）10 月的臭氧平均值在臭氧层峰值高度（16 千米）比 1971 年以前的值低 90%。在北极地区，图中显示了 1990—2021 年在新奥勒松研究站测量到的 3 月平均值（右图）。新奥勒松研究站没有 1967—1971 年的数据。如图所示，2011 年 4 月 4 日和 2020 年 3 月 28 日的一些剖面图显示臭氧明显损耗。在这些年份中，冬季最低气温通常低于正常水平，这使得 PSC 的形成和 ClO 在较长时间内的增加成为可能。每个剖面图括号中的数字是以多布森单位表示的臭氧柱总柱（见问题 4）。此处的臭氧丰度以每个高度的臭氧压力表示，单位为"毫帕"（mPa）（1×10^8 mPa= 海平面大气压力）。

春季臭氧恢复

与南极地区一样，北极地区的臭氧损耗在冬末 / 春初季节最为严重。春季，极地平流层下层的温度升高（图 9-1），从而阻止了 PSC 的形成、ClO 的产生以及损耗臭氧的化学循环。极地涡旋的瓦解结束了高纬度地区空气的隔离，使更多富含臭氧的空气被输送到极地，在那里取代臭氧损耗的空气或与之混合。由于这些大规模的输送和混合过程，北半球高纬度地区大规模和广泛臭氧损耗的特征通常会在 4 月或更早的时候消失。

问题 12. 极地以外的臭氧层损耗有多大？

目前，60°S～60°N 区域的臭氧总量比 1964—1980 年低 2%～3%。在整个 20 世纪 80 年代，由于人类活动导致平流层中反应性卤代气体增加，该地区的臭氧总量持续下降。20 世纪 90 年代初，由于 1991 年皮纳图博火山爆发后臭氧损耗增加，60°S～60°N 区域的臭氧总量比 1964—1980 年的平均值减少了 5%，这是过去 60 年中观测到的最大损耗。在两个半球，臭氧损耗总量在赤道附近很小，向两极呈增加趋势。高纬度地区，尤其是南半球的臭氧损耗量较大，部分原因是冬末 / 春初极地臭氧被损耗，在每个半球的极地涡旋解体后，这种损耗影响到低纬度地区的臭氧。

由于人类活动导致平流层卤素增加（图 15-1），60°S～60°N 区域的平均臭氧总量（全球臭氧）在 20 世纪 80 年代首次出现明显减少（图 12-1）。大部分损耗发生在臭氧最多的平流层臭氧层（图 1-2）。1991 年 6 月皮纳图博火山爆发后，全球臭氧在 20 世纪 90 年代初达到最低值，比 1964—1980 年的平均值低 5%。这次大规模火山爆发使整个平流层中含有硫酸的微粒数量急剧增加。这些微粒大幅提高了反应性卤代气体损耗臭氧的效率（见问题 13），因此，在皮纳图博火山爆发后的几年里，全球臭氧相对于其长期趋势又减少了 2%。自 20 世纪 90 年代中期以来，由于臭氧层从火山爆发引起的扰动中恢复过来，以及《蒙特利尔议定书》推动平流层卤素缓慢而稳定地减少，全球臭氧逐渐增加（见问题 14）。自 2010 年以来，全球臭氧一直比 1964—1980 年的平均值低 2%～3%。

极地地区

在全球范围内，观测到的臭氧损耗总量随纬度的变化而显著不同。南半球高纬度地区的臭氧总量降幅最大，原因是每年冬季 / 春季南极上空的臭氧损耗严重（见问题 9 和问题 10）。北半球高纬度地区的臭氧损耗量次之，部分原因是某些年份北极上空的冬季臭氧损耗（见问题 11）。由于极地地区的臭氧损耗在其他问题的答案中有大量描述，因此下文重点描述 60°S～60°N 区域，世界上绝大多数人口居住在该区域。

中纬度地区

在中纬度地区也观察到臭氧损耗，目前（2017—2020 年平均值）南半球中纬度（35°S～60°S）的臭氧总量比 1964—1980 年平均值约低 5%，而北半球中纬度（35°N～60°N）的臭氧总量比 1964—1980 年平均值约低 4%（图 12-1）。中纬度地区的臭氧层损耗有两个促成因素。首先，两极地区上空的臭氧损耗空气在冬、春两季从两极上空扩散开来，从而减少了中纬度地区的臭氧。其次，臭氧在中纬度地区发生化学损耗，导致这些地区观测到的臭氧减少。中纬度地区的臭氧损耗比极地地区小得多（图 20-1），因为反应性和储存性卤代气体的数量较少，而且最重要的反应性卤代气体 ClO 的季节性剧增（图 7-3）也不会发生在中纬度地区。与北半球中纬度地区相比，南半球中纬度地区的臭氧损耗略大，这是由于南极臭氧空洞的空气扩散造成的。

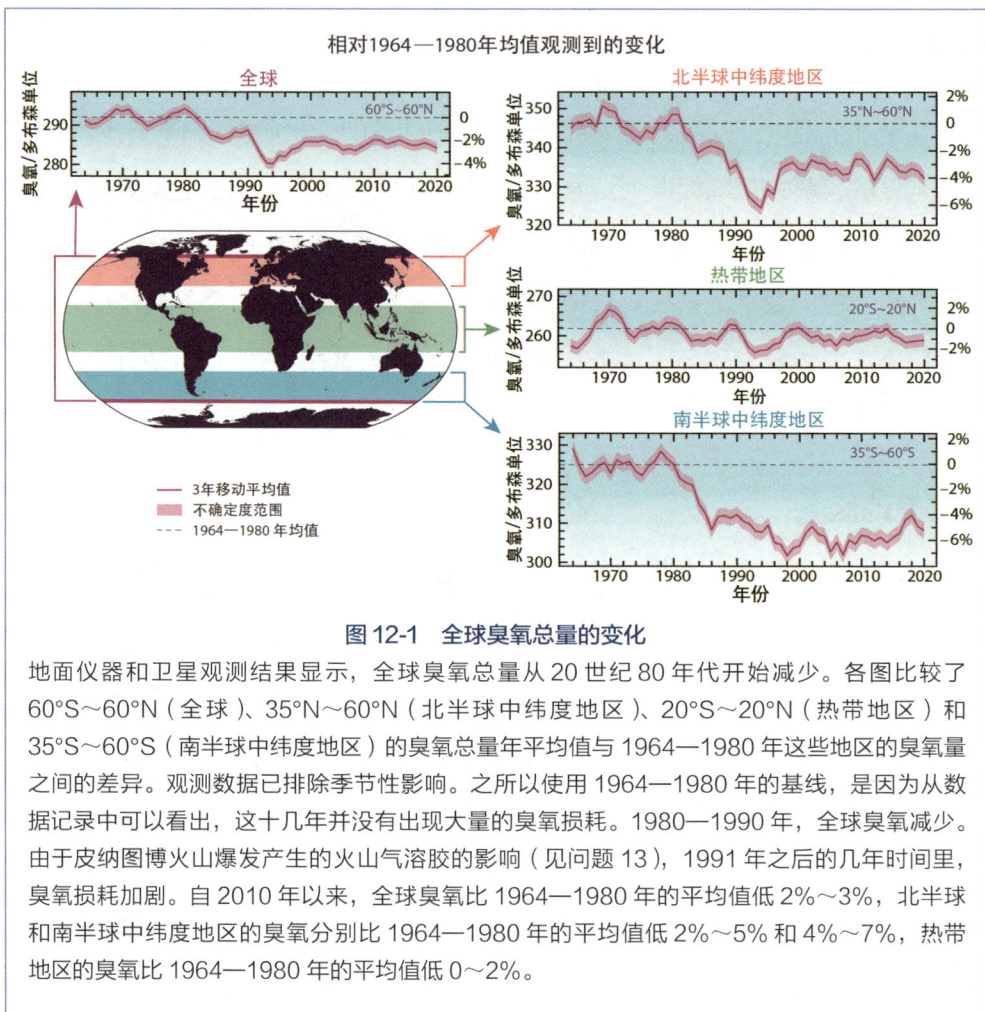

图 12-1　全球臭氧总量的变化

地面仪器和卫星观测结果显示，全球臭氧总量从 20 世纪 80 年代开始减少。各图比较了 60°S～60°N（全球）、35°N～60°N（北半球中纬度地区）、20°S～20°N（热带地区）和 35°S～60°S（南半球中纬度地区）的臭氧总量年平均值与 1964—1980 年这些地区的臭氧量之间的差异。观测数据已排除季节性影响。之所以使用 1964—1980 年的基线，是因为从数据记录中可以看出，这十几年并没有出现大量的臭氧损耗。1980—1990 年，全球臭氧减少。由于皮纳图博火山爆发产生的火山气溶胶的影响（见问题 13），1991 年之后的几年时间里，臭氧损耗加剧。自 2010 年以来，全球臭氧比 1964—1980 年的平均值低 2%～3%，北半球和南半球中纬度地区的臭氧分别比 1964—1980 年的平均值低 2%～5% 和 4%～7%，热带地区的臭氧比 1964—1980 年的平均值低 0～2%。

热带地区

热带地区（20°S～20°N）的臭氧总量受化学损耗的影响很小。目前热带地区的臭氧总量比 1964—1980 年的平均值低约 1%。在热带平流层下层，空气从低层大气（对流层）被输送的时间约为 18 个月。因此，ODS（卤代源气体）转化为反应性和储存性卤代气体的比例很小（图7-1）。由于反应性和储存性卤代气体很少，该区域的臭氧损耗总量也很小。此外，由于太阳紫外线辐照的平均值较高，热带地区会产生净臭氧。相较之下，极地地区的平流层空气已经在平流层中存在了4~7年，这使ODS有时间大量转化为反应性和储存性卤代气体（图5-1）。平流层空气成分的这些系统性差异是大规模大气传输的结果：空气从热带进入平流层，在两个半球向极地移动，然后下降，最终返回至中高纬度地区的对流层。

臭氧层恢复

《蒙特利尔议定书》经过修订和调整，成功地控制了ODS的生产和消费（见问题14）。因此，EESC（平流层中氯和溴的总丰度）在20世纪90年代末达到峰值后，目前呈下降趋势（见问题6和问题15）。平流层上层臭氧的增加与EESC的下降相吻合，这是臭氧层恢复的一个重要初步迹象。然而，平流层上层的臭氧对臭氧总量的贡献很小。

1979—1995年，臭氧总量的损耗随纬度的变化而变化，最大的损耗发生在两个半球的最高纬度（图12-2）。在这一时期，EESC几乎翻了一番。臭氧损耗随纬度变化的模式是由两个因素造成的：①由于大规模大气输送的模式，以及上述ODS大量转化为反应性和储存性卤代气体所需的时间（见问题5和问题7），高纬度地区的反应性和储存性卤代气体含量趋于增加；②南极涡旋（见问题10）和北极涡旋（见问题11）中臭氧损耗严重的空气在各自冬季结束时通过向较高纬度地区赤道方向的扩散能够影响更大纬度范围的地区。

1996—2020年，60°S~60°N的臭氧总量平均每10年上升0.4%（图12-1和图12-2），这与ODS丰度的下降是一致的（见问题14和问题15）。相关数据表明，臭氧总量的增加主要发生在35°S~60°S。在热带地区（20°S~20°N），1996—2020年臭氧总量的变化趋势很小，在统计上也不显著。1996—2020年，中纬度地区的 EESC 丰度下降约 15%。与 1979—1995 年 EESC 的翻倍相比，这 24 年间 EESC 的降幅较小，这是因为 20 世纪 70 年代和 80 年代 ODS 排放量快速增长（图 0-1），并且大气中 ODS 的去除时间较长（表 6-1）。图 12-2 显示的 1996—2020 年臭氧的小幅增长符合科学界目前对控制大气臭氧丰度过程的理解。

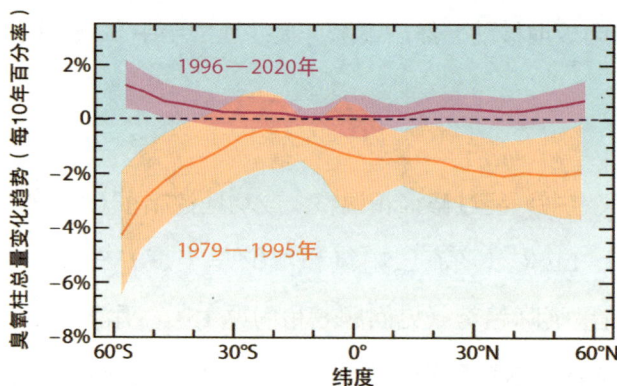

图 12-2　卤素化学引起的臭氧柱总量变化趋势

图中展示了 60°S～60°N，1979—1995 年和 1996—2020 年两个时间段内，ODS 导致的臭氧总量变化与纬度的函数关系，以每 10 年的百分率变化表示。这些趋势是根据对众多地面和卫星仪器测量到的臭氧总量进行统计建模分析得出的。模式分析包括 ODS、平流层气溶胶、太阳紫外线辐射和平流层空气运动对臭氧总量的影响。图中仅分离了两个时间段内臭氧总量因 ODS 变化趋势而发生的化学变化（实线），以及总的不确定性（阴影区域）。

　　由于卤素水平并不是决定平流层臭氧丰度的唯一因素，因此要确定臭氧的增加是由观测到的 ODS 的减少而引起是十分具有挑战性的。在 20 世纪 80 年代和 90 年代早期，全球大部分地区（60°S～60°N）的臭氧总量在下降，由于 ODS 和 1991 年皮纳图博火山爆发的共同影响，臭氧总量在 1993 年降至最低点（图 12-1 和图 13-1）。观测到的全球臭氧最低值比 EESC 最大值提前 5 年出现，这是由于皮纳图博火山爆发造成平流层硫酸盐气溶胶含量增加，全球臭氧对平流层硫酸盐气溶胶的强烈响应，导致臭氧损耗增强数年。20 世纪 90 年代中期观测到的全球臭氧增加是由平流层中的火山气溶胶在自然过程中不断被清除造成的，而此时 EESC 正在接近其最大值（见问题 13）。

另一个使确定大气层不同区域臭氧恢复情况复杂化的因素是平流层环流的年际变化。在大气的大多数区域，这些变化导致的臭氧变化目前仍然大于观测到的预计由于 EESC 下降带来的臭氧增加。最后，温室气体（如 CO_2）的增加，会使低层大气变暖，通过降低平流层温度和加强平流层环流来影响臭氧。较冷的平流层会减缓臭氧损耗反应的速度（极地以外地区），而较强的环流则会增强臭氧从热带向中高纬度地区的输送。

由于 ODS 在大气中的寿命较长，其累积排放对平流层臭氧的影响将持续几十年。如果遵守《蒙特利尔议定书》，在未来几十年中 EESC 将继续下降，并将在 2066 年前后恢复到 1980 年以前的水平（图 15-1）。预计大多数温室气体丰度的增加将加速 EESC 变化，从而使全球臭氧层更快恢复到 1980 年以前的水平。然而，并非所有消耗臭氧的气体都是卤代化合物。N_2O 是一种温室气体，其来源可归因于自然过程和各种人类活动，预计未来其丰度会增加，这将导致更多的臭氧损耗（见问题 20）。最后，只要大气中 ODS 的丰度保持高值，在火山大爆发后臭氧总量大幅减少的可能性将持续存在（见问题 13）。

问题 **13.** 太阳的变化和火山爆发会影响臭氧层吗？

是的，太阳辐射的变化和火山爆发形成的平流层气溶胶粒子等因素确实会影响臭氧层。全球臭氧丰度在 11 年太阳周期的最大值和最小值之间变化 1%～2%。自 1991 年 6 月皮纳图博火山爆发以来，全球臭氧丰度下降了约 2%，这是由于火山活动增强了平流层硫酸盐气溶胶。然而，这两个因素都无法解释所观测到的全球臭氧总量的减少，也无法解释过去半个世纪以来在极地地区观测到的臭氧严重损耗。影响全球臭氧总量长期变化的主要因素是平流层卤素的丰度。

太阳辐射的变化和火山爆发产生的平流层气溶胶（小颗粒）的增加都会影响平流层臭氧的丰度。与 1964—1980 年的平均值相比，20 世纪 90 年代初的全球臭氧总量减少了约 5%，目前臭氧总量减少 2%～3%（见问题 12）。臭氧的长期损耗主要归因于卤代气体的增加，而 20 世纪 90 年代初的额外损耗则与皮纳图博火山爆发有关。EESC（见问题 15 中的定义）通常被用来衡量反应性和储存性卤代气体消耗臭氧的潜力。比较太阳辐射、平流层火山气溶胶和 EESC 的长期变化，有助于评估这些因素对臭氧总量长期变化的影响。

臭氧总量和太阳辐射变化

平流层臭氧的形成是由太阳发出的紫外线（UV）辐射引起的（见问题 1）。因此，UV 辐射量的增加会增加地球大气中的臭氧量。自 20 世纪 60 年代以来，地面仪器和卫星仪器记录了太阳辐射总能量的变化，这与 UV 辐射的变化密切相关。太阳的辐射输出按照 11 年的周期变化，如图 13-1 中标入射太阳辐射的数量所示。太阳长期记录显示，总输出量的最大值和最小值交替出现，最大值之间相隔约 11 年。与邻近年份相比，全球臭氧总量在太阳辐射最大值期间相对较高，而在太阳辐射最小值期间则相对较低，这是因为臭氧的产生对 UV 辐射非常敏感，而 UV 辐射在太阳辐射最大值期间会增加。图 13-1 所示的臭氧和太阳辐射测量结果的分析表明，在一个典型的太阳周期的最大值和最小值之间，臭氧浓度相差 1%～2%。除这 11 年的变化之外，从 20 世纪 80 年代初到 21 世纪初臭氧总量纪录还呈现出长期下降趋势。如果入射太阳辐射的下降是全球臭氧总量长期下降的主要原因，那么太阳辐射也应该出现类似的长期下降。相反，在现代仪器记录中，入射太阳辐射是围绕一个稳定的基线变化的。这种比较表明，观测到的全球臭氧总量的长期下降并不是由太阳 UV 辐射输出变化导致的。

臭氧总量和过去的火山活动

爆发性火山喷发将含硫气体直接喷入平流层，导致产生新的硫酸盐气溶胶粒子。这些微粒最初在火山的下风处形成，然后随着平流层风的吹送扩散到大片区域。对全球臭氧影响最大的通常是热带地区的爆发性火山喷发，因为平流层环流能有效地将热带火山羽流扩散到两个半球。探测平流层中是否存在火山颗粒的主要方法是测量太阳辐射通过平流层向地面的透射量，即平流层气溶胶光学厚度（SAOD）。当大量新粒子在平流层的大范围区域形成时，平流层气溶胶光学厚度会增加，太阳辐射的透射量会明显减少。图 13-1 显示了根据地面仪器和卫星仪器的测量结果得出的整个平流层的平均平流层气溶胶光学厚度的长期记录。阿贡火山（1963 年）、富埃戈火山（1974 年）、埃尔奇琼火山（1982 年）和皮纳图博火山（1991 年）的爆发性喷发明显导致平流层气溶胶光学厚度的大幅增加（太阳辐射减少），所有这些喷发都发生在热带地区。每次火山爆发后，太阳辐射透射量的减少都会持续数年，直到平流层环流和重力沉降将火山硫酸盐气溶胶粒子带回对流层，再由降水将其清除。

　　火山气溶胶主要由硫化合物（硫酸盐）组成。硫酸盐气溶胶颗粒表面的化学反应会增加 ClO（一种高反应性氯代气体）的丰度，从而损耗平流层臭氧（见问题 7）。臭氧损耗的程度取决于火山爆发后产生的硫酸盐气溶胶量和 EESC 值（见问题 15）。阿贡火山、富埃戈火山、埃尔奇琼火山和皮纳图博火山爆发后的几年中，全球臭氧都有所下降。皮纳图博火山爆发造成的臭氧减少在全球臭氧纪录中尤为突出，因为它发生在 EESC 接近峰值时，并且对平流层硫酸盐气溶胶的扰动特别大（图 12-1 和图 13-1）。对臭氧观测数据的分析表明，1991 年 6 月皮纳图博火山爆发后，全球臭氧总量下降了约 2%，这种影响在火山爆发后持续了 2～3 年。在 EESC 值相对较低的时期，如 20 世纪 60 年代早期，臭氧总量对火山诱发的平流层气溶胶增加的敏感性不如当前时期，而当前的 EESC 值远高于背景水平。

　　如果平流层中火山气溶胶丰度的变化是导致全球臭氧总量长期下降的主要原因，那么平流层气溶胶光学厚度（火山硫酸盐颗粒的标志）的记录将呈现缓慢、逐渐上升的趋势。相反，自 1995 年以来，平流层火山气溶胶的光学厚度一直偏低，而在此期间，全球臭氧总量比 1964—1980 年的值低 2%～3%。图 13-1 所示的数据记录提供了证据，证明全球臭氧总量相对于 1964—1980 年平均值的长期下降不是火山气溶胶变化的结果。

臭氧总量和等效平流层氯

　　EESC 值来自基于对 ODS 的地面观测的推算，代表了平流层特定时间和地点卤素消耗臭氧的可能性（见问题 15）。中纬度地区平流层下层的 EESC 记录在 20 世纪 80 年代远高于自然背景水平，在 1998 年达到峰值，在 2022 年比峰值低 18%。图 13-1 最下方的图将观测到的全球臭氧总量长期记录（品红色线）与归因于 EESC 变化的臭氧变化（蓝色虚线）进行了比较。这条归因曲线是由一个统计模型计算得出的，该模型考虑了 EESC、平流层含硫粒子、太阳辐射总能量变化以及与平流层环流变化有关的一些因素对臭氧的影响。在过去半个世纪中，全球臭氧总量的观测记录与 EESC 归因曲线的总体趋势相同，这有力地证明了平流层卤素随人类活动而发生的变化是造成臭氧损耗长期变化的主要因素。问题 20 中强调的化学 – 气候模型模拟提供了将 ODS 与臭氧柱总量的长期变化联系起来的进一步证据。

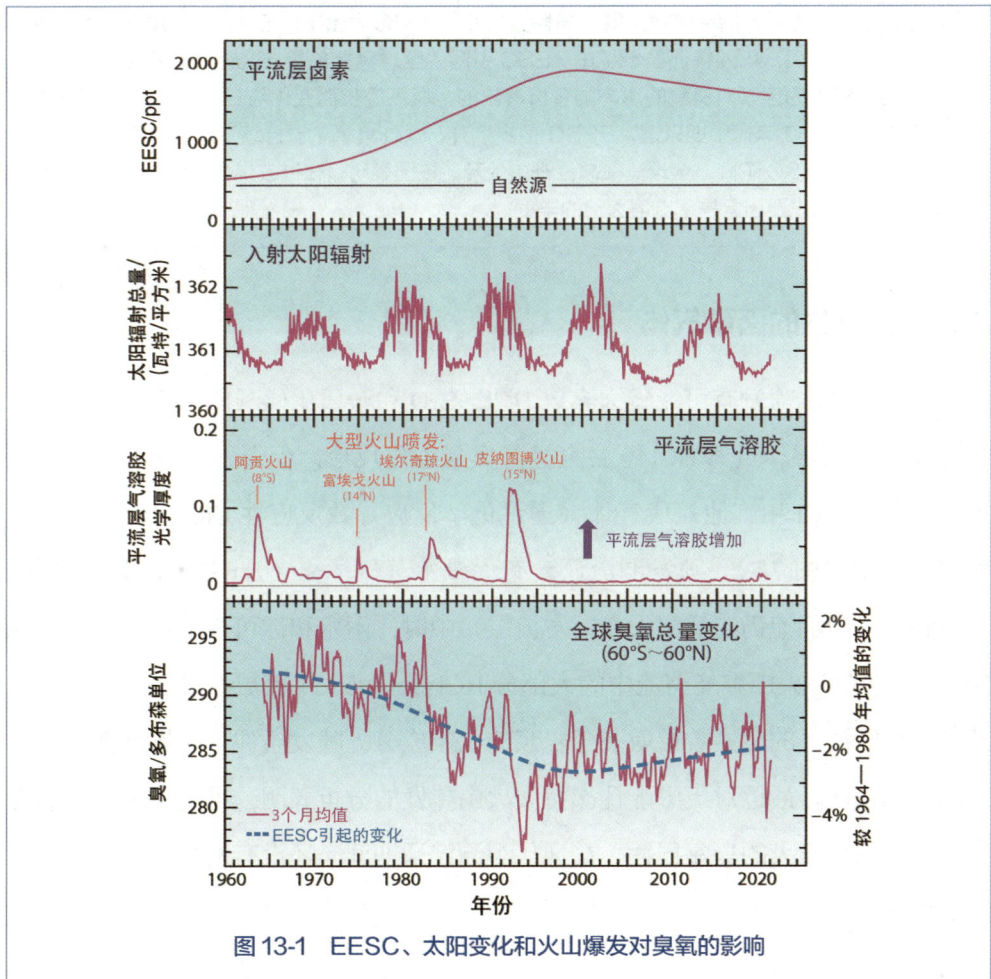

图 13-1　EESC、太阳变化和火山爆发对臭氧的影响

将等效平流层氯、太阳辐射总量及平流层硫酸盐粒子丰度的长期变化与全球臭氧总量进行比较，可为评估过去半个世纪对臭氧的主要影响提供依据。第一幅图显示了中纬度地区平流层下层（约 19 千米高度）的 EESC 记录。EESC 表示主要由人类活动造成的卤素对平流层臭氧的潜在损耗（见问题 15）。第二幅图显示了太阳辐射总量，其峰值和谷值表明了 11 年太阳周期的最大值和最小值。在第三幅图所示的爆炸性火山爆发之后，平流层中的含硫粒子数量急剧上升。这些微粒减少了太阳辐射通过平流层中的透射量，平流层气溶胶光学厚度的增加反映了这一情况。第四幅图显示了 60°S～60°N 的全球臭氧总量与 1964—1980 年平均值的差异。在太阳辐射最大值时，全球臭氧总量比太阳辐射最小值时高 1%～2%，这是因为太阳紫外线辐射增强了臭氧的生成（见问题 1）。硫酸盐粒子上的反应提高了高反应性氯化合物的丰度，增加了大规模火山爆发后平流层臭氧的损耗。臭氧损耗的最大值出现在 1993 年中期，即皮纳图博火山爆发之后。第四幅还显示了由 EESC 引起的全球臭氧总量的变化，该变化是通过考虑许多自然和人为因素对臭氧的影响的分析得出的。臭氧的长期变化与 EESC 的变化是一致的：在 20 世纪 90 年代中期以前，EESC 稳步上升，全球臭氧总量持续下降；自 20 世纪 90 年代末以来，EESC 下降，全球臭氧总量开始上升。该图表明，在过去半个世纪中，影响全球臭氧总量变化的主要因素是平流层卤素的丰度。

火山爆发产生的卤素气体

爆发性火山喷发有可能将卤素以 HCl、BrO 和一氧化碘（IO）等气体的形式直接注入平流层。虽然 HCl 不会直接与臭氧发生反应，但爆发性火山爆发后注入平流层的 HCl 和其他氯代气体会通过化学反应导致反应性 ClO 含量升高，从而损耗臭氧（图 7-3）。喷发羽流还含有大量水蒸气，在上升的新鲜羽流中形成雨水和冰。当羽流仍在低层大气（对流层）中时，雨水和冰可有效地捕获和去除 HCl。皮纳图博火山爆炸羽流中的大部分 HCl 没有进入平流层，这是因为降水的清除作用。注入的卤素数量取决于岩浆的化学成分、喷发条件（如爆炸性）和当地的气象条件。最近对历史上几次特大火山爆发的分析表明，平流层中注入的卤素可能造成相当大的臭氧损耗。在现代观测记录期间，还没有发生过这种性质的火山爆发。

南极火山

南极大陆上的火山由于靠近南极臭氧空洞而引起了人们的特别关注。一次爆发性火山喷发原则上可以将火山气溶胶或卤素直接注入南极上空的平流层，造成臭氧损耗。南极的爆发性火山喷发必须至少每隔几年发生一次，并且其规模足以将物质注入平流层中，才能成为 20 世纪 80 年代初开始每年重复出现臭氧空洞的可能原因，但事实并非如此。埃里伯斯火山和欺骗岛是南极洲目前仅有的两座活火山。自 1980 年以来，这两座火山或任何其他南极火山都没有发生过爆发性喷发。过去 30 年的火山爆发并没有造成南极臭氧空洞，而且如上所述，也不足以造成全球臭氧总量的长期损耗。

臭氧总量和未来的火山活动

由于 ODS 在大气中的寿命较长（图 15-1），在 21 世纪的大部分时间中，EESC 的丰度将保持在较高水平。由于下降缓慢，EESC 在 21 世纪将一直保持在 1960 年的数值之上。因此，在 21 世纪余下的时间中，类似皮纳图博火山的大型火山爆发所导致的平流层硫酸盐气溶胶粒子数量的增加有可能使全球臭氧总值下降数年。臭氧层在 21 世纪中叶之前最容易受到这种喷发的影响，因为预计 EESC 将在 2066 年前后恢复到 1980 年的值。在发生了比皮纳图博火山大得多的火山爆发性喷发或者发生了向平流层注入卤素的火山喷发之后，臭氧损耗峰值可能比以前观测到的更大，而且持续时间更久。

第四部分　管控消耗臭氧层物质

Part 4 Controlling Ozone-depleting Substances

问题 14. 是否对消耗臭氧层物质的生产进行了管控？

是的，ODS 的生产和消费受 1987 年达成的国际协定《蒙特利尔议定书》及其后续修正案和调整方案的管控。该议定书现已获得 198 个缔约方批准，对全球 ODS 的生产和消费制定了具有法律约束力的管控措施。到 2030 年，发达国家和发展中国家将几乎完全停止受控 ODS 的生产和消费。

《维也纳公约》和《蒙特利尔议定书》

1985 年，26 个国家签署了一项名为《维也纳公约》的条约。缔约国同意采取适当措施保护臭氧层免受人类活动的损耗。《维也纳公约》是一项支持研究、信息交流和未来议定书的框架协议。为回应日益增长的关切，1987 年签署了《蒙特利尔议定书》，该议定书经批准后于 1989 年生效。该议定书成功促使发达国家和发展中国家建立并实施了具有法律约束力的管控措施，限制已知会造成臭氧层损耗的卤代气体的生产和消费。由人类活动排放并受《蒙特利尔议定书》管控的含氯和溴的卤代气体被称为 ODS。一种 ODS 的国家消费量定义为受控物质的生产量加上进口量减去出口量。作为原料（通过化学转化过程用于合成其他物质的原材料）的 ODS 的无意排放不受《蒙特利尔议定书》的管控。但是，各国必须报告用作原料的 ODS 的进口、出口和生产情况。《蒙特利尔议定书》规定，发达国家首先采取行动，发展中国家随后通过财政援助、技术转让和知识共享来减少 ODS 的排放及销毁设备或产品中的 ODS。2009 年，《蒙特利尔议定书》成为首个世界各国批准的多边环境协定。

修正和调整

　　随着臭氧损耗的科学依据在 1987 年以后变得更加确定，以及 ODS 的替代品和替代技术的出现，《蒙特利尔议定书》经过修正和调整得到了加强。每项修正案均以《蒙特利尔议定书》缔约方会议召开的城市和会议年份命名。图 0-1 中的时间轴显示了已通过的一些主要决定。这些决定将更多的 ODS 纳入管控范围，加快了现有管控措施的时间安排，或规定了某些气体生产和消费的淘汰日期。《蒙特利尔议定书》最初的措施是到 1998 年将 CFCs 的生产量和消费量减少 50%，并冻结哈龙的生产和消费。1990 年《伦敦修正案》呼吁发达国家在 2000 年前、发展中国家在 2010 年前逐步停止生产和消费破坏性最大的 ODS。1992 年的《哥本哈根修正案》将发达国家逐步淘汰 CFCs、哈龙、四氯化碳和三氯乙烷的日期加快到 1996 年，并开始控制发达国家之后 HCFCs 的生产和消费。随后在维也纳会议（1995 年）、蒙特利尔会议（1997 年、2007 年）和北京会议（1999 年）上商定了对 ODS 的进一步控制措施。最新进展是 2016 年的《基加利修正案》（见问题 19），该修正案扩大了《蒙特利尔议定书》的范围，以控制 GWP 较高的 HFCs 的生产和消费（表 6-1）。如下文所述，HFCs 是温室气体，能使低层大气气候变暖，但不会造成臭氧层损耗。

《蒙特利尔议定书》的影响

　　《蒙特利尔议定书》中每一类 ODS 的削减时间表都基于几个因素，包括：①与其他物质相比，消耗平流层臭氧的效率（见问题 17 中的臭氧消耗潜能值，ODP）；②是否有合适的替代品；③管控措施对发展中国家的潜在影响。《蒙特利尔议定书》条约对平流层 ODS 丰度的影响可以通过 EESC 的长期变化来证明。

　　EESC 的计算将地球表面附近空气中的氯和溴的含量结合起来，形成每年对

特定平流层区域臭氧损耗潜力的估计值（见问题 15 中的定义）。未来几十年的
EESC 值将受到以下因素的影响：①存在于大气中的 ODS 的缓慢自然清除；②持
续生产和使用 ODS 所产生的排放；③现有 ODS 库存所产生的排放。ODS 库
存是指在各种设备中长期储存的 ODS。例如，制冷和空调设备及隔热泡沫中的
CFCs，以及灭火设备中的哈龙。年排放量是根据现有库存的排放量和所有 ODS
的生产量和消费量预测的。图 14-1 显示了中纬度地区 EESC 的长期变化，其依
据是 2007 年公布的下列情况下的 ODS 未来排放估计值：

● 无《蒙特利尔议定书》情景

在没有《蒙特利尔议定书》的情景中，CFCs 和其他 ODS 的生产、使用和
排放在 1987 年后不受管控地持续增长。无《蒙特利尔议定书》情景下，ODS
总排放量以 3% 的年增长率持续增长。因此，与 1980 年的数值相比，到 21 世
纪 50 年代中期 EESC 将增加近 10 倍。大气数值模型显示，与实际情况相比，
无《蒙特利尔议定书》情景下的 EESC 会导致 1990—2020 年的全球臭氧损耗总
量大幅增加，到 21 世纪中期，臭氧损耗总量的增加幅度要大得多。因此，到
21 世纪中叶，地球表面的有害 UV-B 辐射将增加 1 倍，从而对生态系统健康造
成损害，并导致全球皮肤癌和白内障病例增加（见问题 16）。由于 ODS 是强效
温室气体，如果没有《蒙特利尔议定书》，ODS 对气候的影响将大幅增强（见
问题 18）。

● 《蒙特利尔议定书》情景

国际社会仅通过遵守 1987 年《蒙特利尔议定书》的条款以及后来 1990 年的
《伦敦修正案》，就大幅减缓了与无《蒙特利尔议定书》情景相比的 EESC 增长速
度。随着 1992 年《哥本哈根修正案》和调整方案的出台，EESC 的预测值首次呈
现出下降趋势。1999 年在北京以及 1997 年和 2007 年在蒙特利尔通过的修正和
调整条款变得更加严格。现在，在全面遵守《蒙特利尔议定书》的情况下，ODS

最终将被淘汰，但一些关键用途被豁免（见问题 15）。全球 EESC 正从 1998 年的峰值缓慢下降，预计将在 2066 年前后恢复到 1980 年的水平。图 0-1 显示的 ODS 的 ODP 加权排放量的下降证明了《蒙特利尔议定书》迄今为止所取得的成就。总排放量在 1987 年达到峰值，比氯甲烷和溴甲烷的自然排放量高出约 10 倍（见问题 15）。1987—2022 年，人类活动产生的 ODS 排放量减少了近 80%。

图 14-1 还显示了《臭氧损耗科学评估：2022 年》中另外两种情况下 EESC 的长期变化：

● 当前路径情景

图 14-1 所示的 EESC 当前趋势是基于 2007—2021 年观测到的 ODS 丰度和假定遵守《蒙特利尔议定书》而预测的未来丰度。目前的 EESC 曲线高于 2007 年《蒙特利尔议定书》情景的曲线，原因有二：①相较于 2007 年《蒙特利尔议定书》最初预测的假设，来自库存和用于生产其他化学品的原料的 ODS 排放量增加；②自 2007 年以来，CFC-11 和其他一些 ODS 大气寿命的上调，以及未报告的 CFC-11 排放量，使 EESC 下降速度与 2007 年的预测相比有所放缓。

● 零排放情景

零排放情景展示了如果从 2023 年开始将所有 ODS 的排放量设为零所能带来的 EESC 减少量。这一假设消除了来自新生产、原料和库存的排放。在 2023 年之后的几十年中，与当前路径情景的差异是显而易见的，这是因为截至 2023 年还没有完成《蒙特利尔议定书》规定的所有 ODS 生产的逐步淘汰，而且库存排放仍很可观。在零排放情景下，EESC 恢复到 1980 年的值比当前情景要早大约 10 年（红色实线和黑色虚线，图 14-1）。

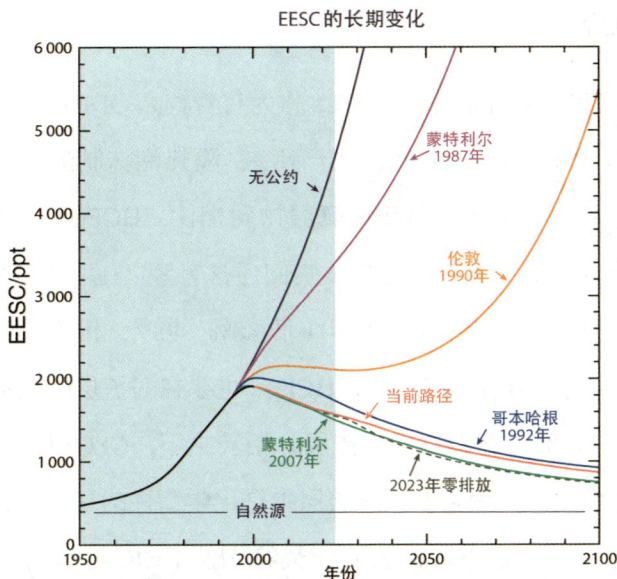

图 14-1 《蒙特尔议定书》的影响

《蒙特尔议定书》通过管控世界各国 ODS 的生产和消费来保护臭氧层。EESC 是一个表示平流层中可用于消耗臭氧的卤素丰度的量。EESC 的值是根据对 ODS 的地表观测分析（见问题 15）或对未来 ODS 丰度的预测得出的。中纬度地区平流层下层（高度约为 19 千米）的 EESC 预测值分别显示：无议定书情景；最初的 1987 年《蒙特尔议定书》条款及其随后的一些修正案和自 2007 年开始的预测的调整情景；当前路径情景（红色实线曲线）；假设从 2023 年开始的 ODS 零排放情景（黑色虚线曲线）。城市名称和年份表示就 1987 年《蒙特尔议定书》最初条款的修改达成一致意见的地点和时间（图 0-1）。如果没有《蒙特尔议定书》，21 世纪的 EESC 值将会大幅增加，导致全球范围内包括人口密集地区的大量臭氧损耗。只有在《哥本哈根修正案》（1992 年）及随后的修正案和调整方案中，预计的 EESC 值才会呈长期下降趋势。图 15-1 显示的观测数据得出的 EESC 值高于"蒙特尔 2007 年"预测值，这主要是由于使用了库存排放量较大的 ODS，以及用于制造各种其他化学品的原料的 ODS 排放量比"蒙特尔 2007 年"最初预测值更高。自 2007 年以来，CFC-11 和其他一些 ODS 大气寿命的上调，以及未报告的 CFC-11 排放量，使 EESC 下降速度与 2007 年的预测相比有所放缓。如果从 2023 年开始，《蒙特尔议定书》目前允许的原料、库存、检疫和装运前使用 CH_3Br 所产生的 ODS 的未来排放可以全部消除（黑色虚线），则 EESC 将低于 2007 年预测的在"蒙特尔 2007 年"调整后完全履约的情景（绿线）。到目前为止，极短寿命气体（图 6-1）贡献很小，没有包括在任何 EESC 时间序列中。

替代气体氟氯烃

《蒙特利尔议定书》规定使用 HCFCs 作为有着较高 ODP 的 ODS（如 CFC-12）的过渡性短期替代化合物。HCFCs 用于制冷、隔热泡沫制造和溶剂等，这些都是 CFCs 的主要用途。与其他消耗臭氧层物质相比，HCFCs 在对流层中的反应性通常更高，因为除氯、氟和碳之外，它们还含有氢（H）。按大气排放量计算，HCFCs 损耗平流层臭氧的效率比 CFC-11 低 88%～98%，因为它们的化学清除主要发生在对流层（表 6-1 中的 ODP）。HCFCs 主要在对流层中被清除，这就阻止了这一类 ODS 中大部分卤素进入平流层。相较之下，CFCs 和其他 ODS 会在平流层中释放全部卤素，因为它们在对流层中是化学惰性的（见问题 5）。

根据《蒙特利尔议定书》的规定，最终淘汰 HCFCs 之前，在这未来 10 年的剩余时间中，发达国家和发展中国家可以继续生产和进口 HCFCs。2007 年对《蒙特利尔议定书》的调整加快了 HCFCs 的淘汰速度，使发达国家在 2020 年之前几乎停止了所有 HCFCs 的生产，发展中国家在 2030 年之前几乎停止了所有 HCFCs 的生产，比以前的规定提前了大约 10 年。通过作出这一决定，缔约方减少了 HCFCs 排放对长期臭氧损耗和未来气候强迫的影响（见问题 17 和问题 18）。

替代气体氢氟碳化物

HFCs 是 CFCs、HCFCs 和其他 ODS 的过渡替代化合物。HFCs 含有氢、氟和碳。HFCs 不含氯或溴，因此不会造成臭氧损耗。然而，大多数 HFCs 和 ODS 也是温室气体，在大气中的存在时间较长，因此它们也是造成人为引起的气候变化的原因之一（见问题 18 和问题 19）。在《联合国气候变化框架公约》（UNFCCC）的支持下，HFCs 已被列为温室气体，各国需要定期报告年度排放量。UNFCCC 下的《巴黎协定》是一项旨在减少温室气体排放的国际协定，目的是将相对于工业时代开始时的全球升温幅度限制在 2.0℃ 以下，并努力将全球升温幅度限制在 1.5℃ 以内。2016 年《蒙特利尔议定书》的《基加利修正案》限制了未来 GWP 较高的 HFCs 的生产和消费。

极短寿命的氯代源气体

极短寿命卤代源气体是指大气寿命通常短于 0.5 年的化合物，主要在低层大气（对流层）中转化为反应性卤代气体。大多数极短寿命的氯代源气体，如二氯甲烷（CH_2Cl_2）和三氯甲烷（$CHCl_3$），在大气中的释放主要来自人类活动。这类化合物不受《蒙特利尔议定书》的管控，因此未被纳入图 14-1 所示的 EESC 估算中。自 20 世纪 90 年代初以来，极短寿命氯代源气体在平流层中的丰度大幅增加，目前这些气体约占进入平流层的氯总量的 4%（130 ppt）（图 6-1）。此外，到达平流层的极短寿命气体的比例随气体排放到大气中的位置而变化。如果《蒙特利尔议定书》对此类化合物进行管控，未来的行动将能快速有效地降低其在大气中的丰度，因为这些化合物会在几年内从大气中被清除。

问题 15.《蒙特利尔议定书》是否成功地减少了大气中的消耗臭氧层物质？

是的，由于履行《蒙特利尔议定书》，过去 20 年来大气层中 ODS 的总量一直在减少。如果世界各国继续遵守《蒙特利尔议定书》的规定，这种减少将贯穿 21 世纪。如果继续遵守《蒙特利尔议定书》的规定，大气中仍在增加的 HCFC-22（CHF_2Cl）和 HCFC-141b（CH_3CCl_2F）气体将在近 10 年内开始减少。然而，由于 ODS 在大气中的寿命较长，预计到 21 世纪中叶，这些气体的丰度才会下降到 20 世纪 80 年代初首次观测到南极臭氧空洞之前的水平。

《蒙特利尔议定书》及其修正案和调整方案在减少大气中 ODS 的丰度方面非常成功。ODS 是人类活动释放的卤代气体，其生产和消费已受到《蒙特利尔议定书》的管控（见问题 14)。《蒙特利尔议定书》管控措施的成功体现在：①大气中主要 ODS 的观测到的和预测的丰度变化；② EESC 的长期下降。

不同消耗臭氧层物质的减少

由于控制生产和消费，ODS 在大气中丰度的减少主要取决于其在生产后被使用和释放到大气中的速度及其在大气中的寿命（表 6-1）。例如，三氯乙烷等寿命较短的 ODS 的丰度对减排的响应很快。相较之下，CFC-11 和 CFC-12 等寿命较长的 ODS 丰度对减排的响应较慢。对 ODS 大气丰度长期变化的估算是基于：①在极地地区积雪中储存多年的空气中的测量丰度；②利用地面仪器观测到的大气丰度；③基于未来需求估计和遵守《蒙特利尔议定书》关于 ODS 生产和消费的规定进行的对未来丰度的预测；④ ODS 库存的排放。库存一词是指现有设备、化学品库存、泡沫和其他产品中尚未释放到大气中的 ODS 总量。销毁库存中的 ODS 可以防止这些化合物最终释放到大气中。如果遵守《蒙特利尔议定书》，不同 ODS 以及天然氯代源气体和溴代源气体——CH_3Cl 和 CH_3Br 在大气中丰度的长期变化如图 15-1 所示。图中的主要 ODS 类别有：

- 氟氯化碳

CFCs 包括一些最具破坏性的含氯 ODS。CFC-11 和 CFC-12 的 ODP 分别为 1 和 0.75，是大气中含量最高的 CFCs，因为它们的历史排放量大，大气寿命长，分别约为 50 年和 100 年（表 6-1）。根据《蒙特利尔议定书》，发达国家和发展中国家分别于 1996 年 1 月和 2010 年 1 月停止 CFCs 的生产和消费。因此，CFC-11 和 CFC-113 在大气中的丰度分别于 1994 年和 1996 年达到峰值，且 20 多年来一直在下降。相较之下，CFC-12 的丰度在 2002 年达到峰值，并一直在缓慢下降，原因是其寿命较长（约 100 年），以及 CFC-12 库存（制冷和空调设备以及隔热泡沫）的持续排放。除将某些 CFCs（主要是 CFC-113 和 CFC-114）用作原料和一些有限的豁免用途，以及持续的库存排放外，全球不再生产主要的 CFCs，预计 21 世纪 CFCs 的丰度将稳步下降。2012—2018 年，由于存在超出《蒙特利尔议定书》管控范围的未报告的 CFC-11 生产，CFC-11 丰度的年均降幅相比预期明显放缓。2019 年和 2020 年 CFC-11 全球排放量的下降表明这些未报告的排放量大部分已被消除。

- 哈龙

哈龙是目前最重要的含溴 ODS。哈龙 -1211 和哈龙 -1301 占所有 ODS 中溴的很大比例（图 6-1）。根据《蒙特利尔议定书》，发达国家和发展中国家分别于 1994 年 1 月和 2010 年 1 月停止生产和消费用于受控用途的哈龙，但发达国家和发展中国家都有一些必要的豁免用途。自 2005 年前后测量到峰值浓度以来，大气中哈龙 -1211 的丰度显著下降。过去 20 年来，哈龙 -2402 的丰度一直在缓慢下降，而哈龙 -1301 的丰度已接近峰值，预计将在未来几十年内下降。哈龙 -1301 排放量下降缓慢可能是由于灭火设备和其他设备的大量库存，这些设备在生产多年后会逐渐将这种化合物释放到大气中。由于哈龙 -1301 的大气寿命很长（72 年），且其仍在继续释放，因此预计其丰度在 21 世纪仍将保持高水平。由于在多种消防应用中使用含哈龙的设备，哈龙的大气排放仍在继续。

● 四氯化碳

除了一些必要豁免用途，发达国家受控用途的 CCl_4 的生产和消费已于 1996 年停止，发展中国家于 2010 年停止。因此，20 年来大气中的 CCl_4 丰度一直在下降。CCl_4 丰度下降速度远低于预期，表明实际排放量大于基于各国报告的消费量推算出的排放量。在计算《蒙特利尔议定书》规定的受控生产量和消费量时，用作生产其他化学品的原材料（原料用途）的 CCl_4 不在受控之列，因此确实存在一些残余排放。基于目前对全球来源的理解，CCl_4 的排放主要是在其他化合物的化学生产过程中无意生产和随后的排放，以及从垃圾填埋场和受污染土壤中排放。

● 三氯乙烷

迄今为止，CH_3CCl_3 是减少量最大的 ODS（比峰值减少 99%）。除了有限的必要豁免用途，发达国家已于 1996 年 1 月停止了 CH_3CCl_3 的生产和消费，发展中国家于 2015 年 1 月停止了 CH_3CCl_3 的生产和消费。由于 CH_3CCl_3 的大气寿命很短（约为 5 年），因此从 20 世纪 90 年代中期开始，大气中的 CH_3CCl_3 丰度迅速反映了排放量的减少。CH_3CCl_3 主要用作溶剂，通常在生产后不久排放。由于《蒙特利尔议定书》的成功实施，这种化合物目前正趋于从大气中被完全清除。

● 替代气体氟氯烃

《蒙特利尔议定书》允许使用 HCFCs 作为 CFCs 的短期过渡性替代品以及用于其他特定用途。因此，大气中 HCFC-22、HCFC-141b 和 HCFC-142b 的丰度随着持续生产（主要在发展中国家）而继续增长。与 CFCs 相比，HCFCs 对臭氧层的威胁较小，因为 HCFCs 的 ODP 较低（低于约 0.1）（表 6-1）。2007 年，《蒙特利尔议定书》达成的《蒙特利尔修正案》将发达国家（2020 年）和发展中国家（2030 年）淘汰 HCFCs 的时间加快了 10 年（见问题 14）。未来的预测表明，主要的 HCFCs 都将在 2023—2030 年达到峰值，然后稳步下降。由于 HCFCs 的大气寿命较短（不到 17 年），大气丰度对排放量减少的响应（由于现有库存的逐步释放，如隔热泡沫）将相对较快。

● 氯甲烷和溴甲烷

CH_3Cl 和 CH_3Br 在卤代气体中是与众不同的，因为它们的大部分排放与自然过程有关（见问题 6）。CH_3Cl 不受《蒙特利尔议定书》管控。在过去 40 年中，大气中 CH_3Cl 的丰度一直保持相当稳定（图 15-1）。与天然来源相比，目前人类活动产生的 CH_3Cl 的来源被认为较少，而且主要来自煤炭燃烧和化工制造。

相较之下，CH_3Br 受到《蒙特利尔议定书》的管控。CH_3Br 主要用作熏蒸剂。几乎所有发达国家的 CH_3Br 的生产和消费都于 2005 年 1 月终止，发展中国家的 CH_3Br 的生产和消费于 2015 年 1 月终止。目前，《蒙特利尔议定书》对 CH_3Br 作为农业熏蒸剂的生产和使用，以及检疫和装运前用途规定了有限的豁免。

由于 CH_3Br 在大气中的寿命不到 1 年，因此从 1999 年开始，其大气丰度随着排放量的减少而迅速下降（图 15-1）。假设天然来源的贡献不变，并继续在少量关键豁免用途使用，预测显示未来 CH_3Br 的丰度将只有很小的变化。这些预测中的一个重要不确定因素是未来根据《蒙特利尔议定书》豁免的关键用途、检疫和装运的 CH_3Br 生产量和排放量。

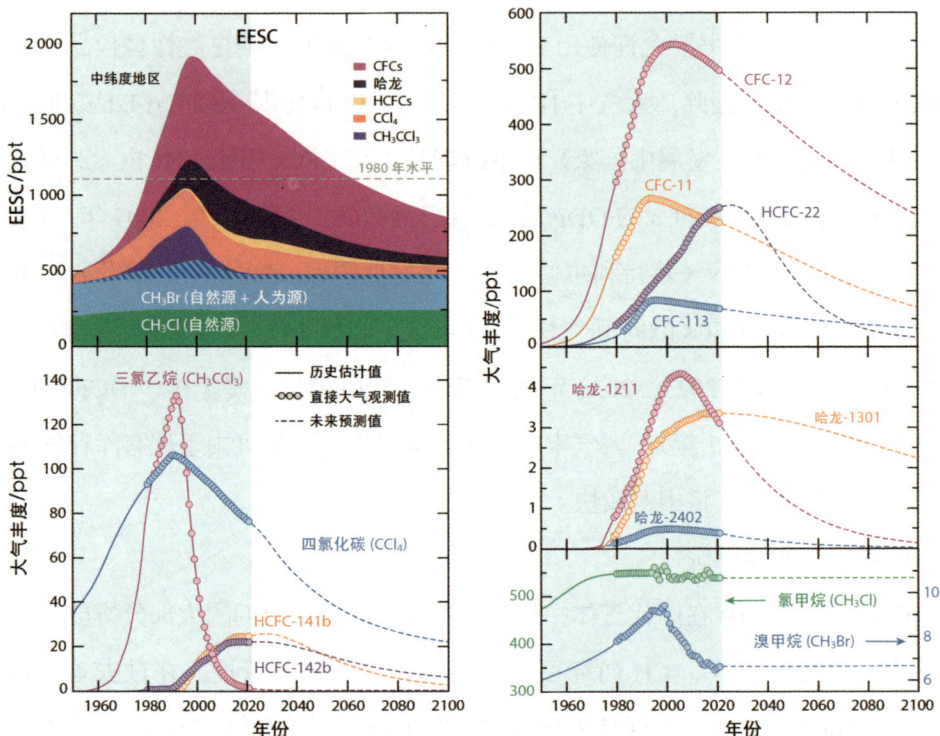

图 15-1　卤代气体的变化和对 EESC 的贡献

这里显示的各种气体的地表丰度是通过直接大气测量、历史丰度估计和未来丰度预测（假定遵守《蒙特利尔议定书》）相结合而获得的。除主要由自然过程排放的 CH_3Cl 之外，这些气体都是消耗臭氧物质。因此，CH_3Cl 不受《蒙特利尔议定书》的管控，预计其丰度在未来将保持不变。图中的主要 CFCs 以及 CCl_4、CH_3CCl_3、哈龙 -1211 和哈龙 -2402 的历史增长速度在过去 30 年中有所减缓和逆转。作为替代 CFCs 的过渡物质，大多数 HCFCs 的丰度可能会在近 10 年内达到峰值，然后其生产和消费才会完全停止。哈龙 -1301 的丰度已接近峰值，由于持续的少量释放和较长的大气寿命，预计其丰度将在未来几十年内缓慢下降。预计未来溴甲烷的减少量不会很大，因为目前的来源大部分是自然过程，而且现在 CH_3Br 的工业生产比 20 世纪 90 年代要少得多。左上角显示的 EESC 是根据观测和预测得出的中纬度地区平流层下层（约 19 千米高度）的值（图 14-1）。彩色阴影区域描述了 CH_3Cl、CH_3Br、CH_3CCl_3、CCl_4、HCFCs、哈龙和 CFCs 对 EESC 的贡献，洋红色阴影区域的顶部是所有贡献的总和，即 EESC。EESC 的值在 20 世纪后半叶迅速上升，在 20 世纪 90 年代末达到顶峰。自 20 世纪 90 年代末以来，由于《蒙特利尔议定书》在减少 ODS 的生产和消费方面取得了成效，EESC

的趋势发生了逆转。在中纬度平流层，预计 EESC 将在 2066 年前后恢复到 1980 年的值。在极地地区，预计 EESC 将在 20 年后恢复到 1980 年的值。国际社会必须遵守《蒙特利尔议定书》的规定，以确保 EESC 按照预期继续下降（见问题 14）。2012—2018 年，由于未报告的生产量，CFC-11 的降幅与预期降幅相比明显放缓。2019 年和 2020 年，CFC-11 的下降幅度表明，大部分未报告的生产量已经消除。极短寿命气体（图 6-1）的贡献未包含在此 EESC 时间序列中。

等效平流层氯

衡量《蒙特利尔议定书》成就的重要指标是 EESC 的历史变化是否符合预期，图 13-1 和图 14-1 介绍了 EESC 值。EESC 是衡量平流层臭氧损耗潜力的一种方法，可以通过大气中 ODS 以及天然氯代气体和溴代气体的地表丰度计算得出。该计算方法考虑了 CFCs、HCFCs、CH_3CCl_3、CCl_4、哈龙、CH_3Cl 和 CH_3Br。对于过去和未来的 EESC 值，所需的大气丰度来自测量值、历史估计值或基于《蒙特利尔议定书》规定的未来预测值。

EESC 是根据平流层中可用于消耗臭氧的氯和溴的数量得出的。"等"（Equivalent）字表明，在消耗臭氧方面的单位功效更大的溴，也被包括在 EESC 中。虽然氯在平流层中的含量远高于溴（约 150 倍）（图 6-1），但溴原子在平流层低层损耗臭氧的化学效率比氯原子高约 60 倍。"效"（Effective）字表示，在计算 EESC 值时，只包括 ODS 在特定时间和平流层特定区域内转化为反应性和储存性卤代气体的估计的部分（见问题 5 和问题 7）。EESC 的长期变化一般取决于所考虑的平流层的高度和纬度区域。图 15-1 所示的 EESC 曲线是中纬度地区平流层下层（高度约为 19 千米）的曲线。

等效平流层氯的长期变化

在 20 世纪后半叶到 20 世纪 90 年代，EESC 值稳步上升（图 15-1），导致全球臭氧损耗。由于《蒙特利尔议定书》的管控，EESC 的长期增长放缓，在 1999 年达到峰值，然后开始下降。到 2022 年，中纬度地区的 EESC 值较峰值下降了约 18%。最初的下降主要是由于 CH_3CCl_3 在大气中的丰度大幅快速下降，CH_3CCl_3 的寿命只有 5 年。随着 CFCs、CCl_4 和哈龙 -1211 丰度的下降，EESC 的减少还在继续。减少取决于自然过程，这些过程会逐渐分解并从全球大气中清除含卤素的气体（见问题 5）。由于目前大气中最丰富的 ODS 气体的寿命为 10～100 年（表 6-1），将 EESC 减少到 1980 年的数值或更低的数值还需要 40 年以上的时间。

第五部分 臭氧层损耗和《蒙特利尔议定书》的影响

Part 5 Implications of Ozone Depletion and the Montreal Protocol

问题 16. 臭氧层损耗是否会增加地面紫外线辐射？

是的，地球表面的紫外线（UV）辐射会随着上空臭氧总量的减少而增加，因为臭氧会吸收太阳的 UV 辐射。地面仪器的测量结果和卫星数据的估算结果都证明，大面积地理区域的地表 UV 辐射随着臭氧损耗而增加。

平流层臭氧的损耗导致地球表面的太阳 UV 辐射增加。这种增加主要发生在太阳辐射的 UV-B 部分。UV-B 被定义为波长范围介于 280 纳米和 315 纳米之间的辐射，肉眼是看不见的。可以直接测量到达地表的 UV-B 辐射的长期变化，也可以根据臭氧总量的变化进行估算（见问题 3）。

暴露于 UV-B 辐射会对人类、其他生物和材料造成伤害（见问题 2）。阳光对人体的大部分影响是由 UV-B 辐射造成的，主要影响之一是晒伤，首先表现为皮肤变红，也称红斑。过度暴露于 UV-B 辐射可导致皮肤癌。许多国家定期以紫外线指数（UVI）的形式向公众报告红斑辐射，该指数与地球表面的红斑加权 UV 辐射成正比。在热带高海拔地区，紫外线指数夜间为 0，中午则超过 20。

地表 UV-B 辐射

某一特定地点到达地球表面的 UV-B 辐射量在很大程度上取决于该地点大气层中的臭氧柱总量（见问题 3）。平流层和对流层中的臭氧分子会吸收 UV-B 辐射，从而大幅减少到达地球表面的 UV-B 辐射量（见问题 2）。如果对流层或平流层某处的臭氧分子数量减少，臭氧总量就会减少，到达地球表面的 UV-B 辐射量也会相应增加。

紫外线变化的其他原因

在特定地点和时间，到达地球表面的实际 UV-B 辐射量除取决于臭氧总量外，还取决于一些其他因素。最主要的额外因素是太阳在天空中的高度，在任何地点，这一高度都会随着每天和季节周期发生变化。其他因素包括该地点的海拔高度、当地云量、冰雪覆盖量及该地点上方大气中的颗粒物（气溶胶）数量。云层和气溶胶的部分变化与人类活动造成的空气污染和温室气体排放有关。地日距离的季节性变化也是影响到达地表 UV-B 辐射量的一个重要因素。

测量结果表明，某些地方 UV 辐射量的增加和减少都是由上述一个或多个因素的变化造成的。估计这些因素变化的影响非常复杂。例如，云量的增加通常会导致云层下方 UV 辐射的减少，而同时云层上方山区的 UV 辐射可能会增加。相反，如果云层不能充分阻挡太阳的直射光束，云层颗粒的反射会导致到达地表的 UV-B 辐射量增加。

生物加权紫外线和紫外线指数

臭氧对到达地球表面的生物相关的紫外线量的影响取决于相关生物作用的波长，如皮肤损伤增加，是因为波长越短（能量越高）的 UV-B 增加。通常用 UVI 来报告影响。在其他条件相同的情况下，随着臭氧总量的减少，UVI 会上升。图 16-1 显示了在世界各地监测站的地面位置测得的臭氧总量与 UVI 之间的反比关系。观测结果表明，臭氧总量减少 50%，UVI 会增加到原来的 2 倍。

UVI 在国际上用于提高公众对于紫外线对人类健康有害影响的认识，并用于指导人们采取个人防护措施。UVI 的最大值出现在热带地区，那里的正午太阳高度为全年最高，臭氧总量值往往较低（图 3-1）。在所有纬度上，山区（由于较少的头顶空气来散射或吸收辐射）和冰雪覆盖地区（由于表面反射率上升）的 UVI

都较大。UVI 大于 10 被视为"极端值"：在这种情况下，敏感的白皙皮肤可能会在暴露后 15 分钟内受到伤害。

图 16-1 中标有"模型"的线段显示了 UVI 对臭氧总量的预期变化，这与观测结果非常吻合。UV-B 对臭氧变化的敏感度与 UVI 相似，而其他生物权重则表现出不同的灵敏度。例如，DNA 损伤对臭氧总量的灵敏度约为 UVI 和 UV-B 的 2 倍，而皮肤中维生素 D 合成对臭氧总量的灵敏度介于 DNA 损伤和红斑效应之间。

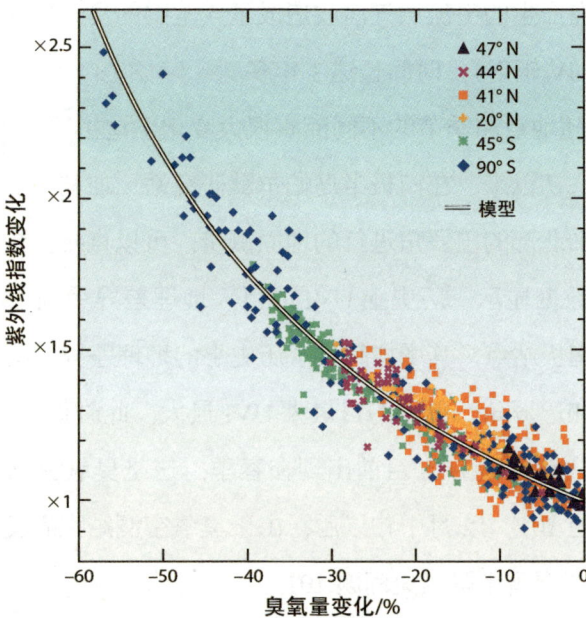

图 16-1　臭氧总量变化与在全球 6 个站点测量到的紫外线指数（UVI）之间的关系
所有数据都是 20 世纪 90 年代在每个站点的同一太阳高度、无云条件下获得的。观测到的臭氧变化很大。例如，在南极地区，臭氧量有时比最大值减少 50% 以上，与最高臭氧量相比，最低臭氧量所对应的 UVI 是其 2.5 倍。在低纬度地区，臭氧变化较小，但 UVI 可能增加到原来的 1.5 倍以上。如标有"模型"的平滑曲线所示，所有站点的 UVI 数据都显示出类似的臭氧依赖性，这与使用大气辐射传输模型预测的依赖性非常吻合。

地表紫外线的长期变化

臭氧损耗开始后，地表 UV 的变化并没有得到很好的记录。通过卫星测量臭氧得出的估计变化是不完整的，因为卫星使用的后向散射辐射并不能完全穿透大气层的最下层。因此，必须使用计算机模型来估算太阳光与大气气溶胶和云层的相互作用对地球表面 UV 辐射的影响。在 20 世纪 90 年代早期，即臭氧损耗最严重的时期（见问题 12），很少有适合进行长期趋势分析的 UV 辐射地面测量数据。由于 1991 年皮纳图博火山爆发（见问题 13），紫外线仪器记录变得更加复杂。这次火山爆发产生的平流层气溶胶造成了大范围的臭氧损耗，并直接阻挡了太阳辐射（包括 UV 辐射），时间长达 1 年多。

最大日 UVI 随地点和季节的不同而有很大变化，这主要与太阳高度角有关。自 20 世纪 90 年代初以来，在南极半岛帕尔默研究站、加利福尼亚州南部的圣地亚哥市和阿拉斯加北部的巴罗角进行的地面测量，可以直接比较极地和低纬度地区的 UVI。相关数据显示，历史上 UVI 的巨大地理差异受到了臭氧损耗的显著影响，尤其是在南极站点，其增加超过了历史上的地理差异（图 16-2）。

在圣地亚哥和巴罗角，夏季的日最大 UVI 最大，此时正午太阳最接近头顶。就南极站点而言，日最大 UVI 目前出现在春季，这是臭氧空洞导致臭氧总量最低的季节（见问题 10）。12 月中旬以后，由于臭氧空洞结束后臭氧总量的季节性恢复，日最大 UVI 显著下降（见问题 10）。

在南极臭氧空洞出现之前，圣地亚哥（32°N）的 UVI 一直比帕尔默站（64°S）的 UVI 高得多。帕尔默站的测量结果证明了南极臭氧损耗的巨大影响。在帕尔默站，将 1970—1976 年（臭氧空洞出现之前的时期）的 UVI 估计值与 1990—2020 年的测量值进行了比较，当时南极臭氧损耗使整个春季和夏季的 UVI 上升（橙色阴影）。臭氧空洞的形成导致 UVI 大幅增加，并持续数月之久，且春季的增幅最大。

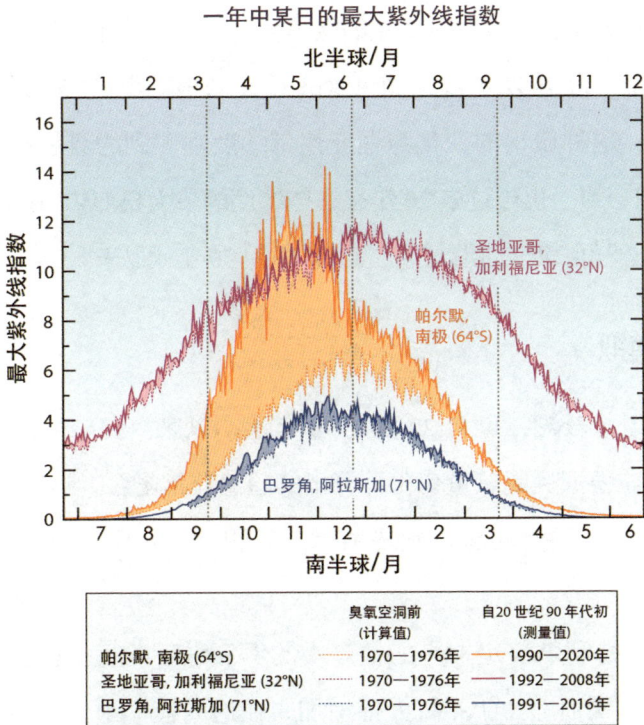

一年中某日的最大紫外线指数

北半球/月

南半球/月

	臭氧空洞前（计算值）	自20世纪90年代初（测量值）
帕尔默，南极 (64°S)	1970—1976年	1990—2020年
圣地亚哥，加利福尼亚 (32°N)	1970—1976年	1992—2008年
巴罗角，阿拉斯加 (71°N)	1970—1976年	1991—2016年

图16-2 紫外线指数（UVI）的长期变化

UVI 是衡量到达地表的红斑辐射的指标，图中显示了加利福尼亚州圣地亚哥、阿拉斯加北部乌基亚克维克附近的巴罗角和南极洲帕尔默站 3 个站点的日最大 UVI。图中显示了两个时间段的日最大 UVI：一个是较近的时间段，即从 20 世纪 90 年代初开始测量的时间段（实线）；另一个是臭氧损耗前的时间段，即 1970—1976 年，使用该时间段内 3 个站点的模拟臭氧总量值计算得到。每个测量点的阴影区域代表了从 20 世纪 90 年代初的数据开始，臭氧空洞前的 UVI 与观测到的 UVI 之间的差值。南极帕尔默的 UVI 观测结果表明，臭氧损耗对到达地表的红斑辐射非常重要。1990—2020 年，帕尔默春季的日最大 UVI 等于或超过了圣地亚哥春季的测量值，而圣地亚哥的纬度要低得多，因此在臭氧空洞出现之前，其日最大 UVI 要比帕尔默大得多。三条垂直虚线分别代表北半球春分、夏至和秋分。

与出现臭氧空洞之前相比，现在帕尔默站的最大 UVI 约增加到原来的 2.5 倍。

尽管圣地亚哥的纬度要低得多，但帕尔默春季观测到的最大 UVI 现在已经超过了圣地亚哥春季和初夏测量到的指数。南极臭氧空洞导致大量 UV 辐射到达地表，对高纬度海洋环境中食物链底层的微小动植物产生了不利影响。

在圣地亚哥，自 1992 年以来测量到的 UVI 与根据臭氧损耗前值重建的 UVI 几乎没有区别。这种微小的变化与在亚热带纬度观测到的臭氧总量的微小变化（见问题 12）相一致，也与过去 20 年来这些纬度的最大日 UVI 基本保持不变的结论相一致。在巴罗角附近的北极站点，自 20 世纪 70 年代以来，UVI 上升了约 20%。

紫外线变化模拟

尽管数据记录较短，但自 20 世纪 90 年代初以来，在未受污染的地点测量到的 UVI 趋势与根据臭氧总量变化计算出的趋势非常吻合。这些测量结果表明，从 1996 年（大约在平流层氯达到峰值时，见图 15-1）到 2020 年，UVI 的变化很小。

对没有《蒙特利尔议定书》的情景中的臭氧进行的模型模拟显示，1996—2020 年，由于臭氧损耗，UVI 将大幅增加。在这些模拟中，如果没有《蒙特利尔议定书》，中高纬度地区夏季的 UVI 将增加约 20%，南极地区春季的 UVI 将增加 1 倍。这些说明性的估计有力地证明了《蒙特利尔议定书》在保护人类健康和环境方面的益处。

紫外线变化与人类健康

在过去的几十年中，平流层臭氧层的损耗以及社会生活方式的改变导致许多人暴露于 UV 辐射下。UV 辐射的增加会对健康产生不利影响，主要与眼部和皮肤疾病有关。UV 辐射是引起白内障的公认危险因素。对于皮肤而言，最常见的威胁是皮肤癌。在过去几十年中，几种类型皮肤肿瘤的发病率在所有皮肤类型的人群中都有显著上升。另外，暴露于 UV-B 辐射对人类健康的一个重要益处是产生维生素 D，它在骨骼代谢和免疫系统中发挥着重要作用。人们要审慎平衡在太阳 UV-B 辐射下的暴露，在能够保持足够的维生素 D 水平的同时，最大限度地降低皮肤和眼部疾病的风险。

人类皮肤癌通常发生在长时间暴露在能导致晒伤的 UV 辐射下。即使按照《蒙特利尔议定书》及其修正案和调整的现行规定，预计在 21 世纪上半叶，与臭氧损耗相关的皮肤癌新增病例也将是最多的。这一预测代表了一个重大的全球健康问题。由于预计 60°S～60°N 地区的臭氧总量平均值将在 21 世纪中叶恢复到 1980 年的水平（图 20-1），因此臭氧损耗将在未来几十年继续对人类健康产生不利影响。

除了对人类健康产生有害影响外，到达地表的 UV 辐射的增加也会影响空气质量、水生和陆生植物及生态系统、生物地球化学循环以及户外材料。《蒙特利尔议定书》环境影响评估小组（EEAP）的报告中更详细地讨论了 UV 辐射的影响。

问题 17. 臭氧层损耗是全球气候变化的主要原因吗？

不，臭氧层损耗不是全球气候变化的主要原因。臭氧层损耗和全球气候变化是相关联的，因为 ODS 及其替代品都是温室气体。最准确的估计是，平流层臭氧损耗导致了少量地表冷却。相反，对流层臭氧和其他温室气体的增加会导致地表变暖。与导致全球气候变化的温室气体变暖相比，平流层臭氧损耗对全球气候变化的影响很小。自 20 世纪 80 年代初以来，南极臭氧空洞通过对大气环流的影响导致了南半球地表气候的变化。

虽然平流层臭氧损耗并不是气候变化的主要原因，但臭氧损耗和气候变化的某些方面是密切相关的。这两个过程都涉及人类活动释放到大气中的气体。通过研究以下相关气体对气候变化的影响，可以更好地理解两者之间的联系：臭氧、ODS（或卤代源气体）及其替代品，以及其他主要温室气体。

温室气体和气候的辐射强迫

温室气体的存在加剧了太阳对地球表面和对流层的加热。地球大气中天然存在的大量温室气体吸收反射红外辐射，在大气中捕获热量并使地表变暖。最重要的天然温室气体是水蒸气。如果没有这种天然温室效应，地球表面的温度将比目前的温度低得多。自 1750 年工业时代开始以来，人类活动导致大气中一些长寿命和短寿命温室气体的丰度显著增加，从而导致地球表面变暖和相关的气候变化。这组温室气体包括 CO_2、CH_4、N_2O、对流层臭氧和卤代烃。ODS 及其替代品占当今大气中卤代烃的很大一部分。人类活动导致的这些气体丰度的增加会使更多的反射红外辐射被吸收并重新释放回地表，从而使大气和地表进一步变暖。这种由人类活动引起的地球能量平衡变化被称为气候辐射强迫，或更简单地称为气候强迫。这种能量失衡的程度通常在对流层顶进行评估，用单位瓦特/平方米（W/m²）表示。随着辐射强迫的增加，气候变化的可能性也增强。

图 17-1 汇总了自 1750 年以来人类活动导致的主要长寿命和短寿命温室气体增加所产生的 2019 年气候辐射强迫。正强迫导致地球表面变暖，负强迫导致地球表面冷却。气候强迫也会导致其他变化，如冰川和海冰面积的减少、降水模式的变化以及更多的极端天气事件。国际气候评估得出的结论是，过去几十年来观测到的地表变暖和其他气候参数的变化，大部分是由于各种人类活动导致的大气中 CO_2 和其他温室气体含量的增加。

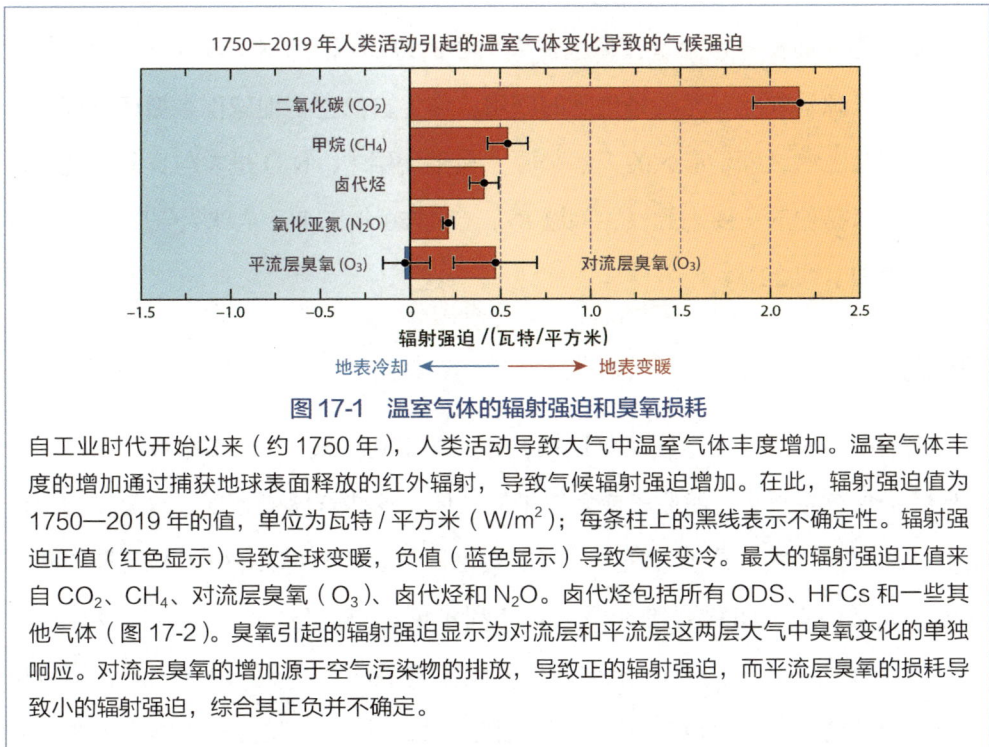

图 17-1　温室气体的辐射强迫和臭氧损耗

自工业时代开始以来（约 1750 年），人类活动导致大气中温室气体丰度增加。温室气体丰度的增加通过捕获地球表面释放的红外辐射，导致气候辐射强迫增加。在此，辐射强迫值为 1750—2019 年的值，单位为瓦特/平方米（W/m²）；每条柱上的黑线表示不确定性。辐射强迫正值（红色显示）导致全球变暖，负值（蓝色显示）导致气候变冷。最大的辐射强迫正值来自 CO_2、CH_4、对流层臭氧（O_3）、卤代烃和 N_2O。卤代烃包括所有 ODS、HFCs 和一些其他气体（图 17-2）。臭氧引起的辐射强迫显示为对流层和平流层这两层大气中臭氧变化的单独响应。对流层臭氧的增加源于空气污染物的排放，导致正的辐射强迫，而平流层臭氧的损耗导致小的辐射强迫，综合其正负并不确定。

二氧化碳、甲烷和氧化亚氮

这 3 种温室气体既有人为来源，也有天然来源。1750 年以来 CO_2 的累积是人类活动造成的最大气候强迫。大气中的 CO_2 浓度持续上升，主要是由于燃烧化石燃料（煤、石油和天然气）用于能源和运输以及水泥生产。2021 年，全球大气 CO_2 平均丰度超过 416 ppm，比 1750 年的 CO_2 丰度高出约 50%。CO_2 被认为是一种长寿命气体，因为在它排放后的 100～1 000 年，仍有很大一部分留在大气中。

CH_4 是一种寿命很短的温室气体（在大气中的寿命约为 12 年）。与人类活动有关的来源包括畜牧业、化石燃料的开采和使用、水稻种植和垃圾填埋。自然界的来源包括湿地、白蚁和海洋。自 1750 年以来，全球大气中的 CH_4 平均丰度增加了 1 倍多。

N_2O 是一种长寿命温室气体（在大气中的寿命约为 109 年）。与人类活动有关的最大来源是农业，尤其是化肥的施用。作为自然生物地球化学循环一部分的土壤中的微生物过程是最大的天然来源。在平流层中，N_2O 是参与臭氧损耗循环的反应性氮物种的主要来源（见问题 8）。自 1750 年以来，全球大气中的 N_2O 平均丰度增加了约 22%。

卤代烃

大气中的卤代烃会造成臭氧层损耗和气候变化。图 17-1 和图 17-2 中考虑的卤代烃是含有氯原子、溴原子或氟原子的气体，这些气体或者受到《蒙特利尔议定书》的管控，或者属于《联合国气候变化框架公约》（UNFCCC）管控的温室气体。纵观历史，ODS 是唯一受《蒙特利尔议定书》管控的卤代烃。2016 年，《蒙特利尔议定书》的《基加利修正案》对某些 HFCs 气体的未来生产和消费进行了管控。全氟化碳（PFCs）和六氟化硫（SF_6）属于《联合国气候变化框架公约》（UNFCCC）中的温室气体，现在属于《巴黎协定》的管控内容。PFCs 是只含有碳原子和氟原子的化合物，如四氟化碳（CF_4）和全氟乙烷（C_2F_6）。严格来说，SF_6 不属于卤代烃，因为它不含碳原子。然而，由于所有这些化合物都至少含有一个卤素原子，因此通常将 SF_6 的环境影响与卤代烃气体的环境影响一起进行研究。

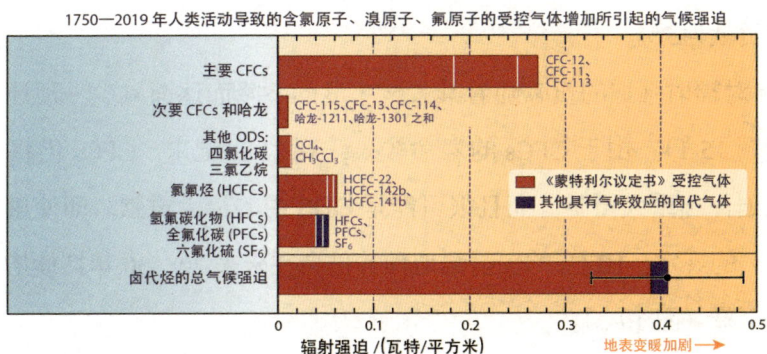

图 17-2　卤代烃和气候辐射强迫

自工业时代开始以来，大气中的卤代烃气体对气候辐射强迫作出了重要贡献（图 17-1）。卤代烃是含有氯原子、溴原子或氟原子的气体，其中至少有一个碳原子，它们通过捕获地球表面释放的红外辐射产生辐射强迫。图中显示了 1750—2019 年受《蒙特利尔议定书》（红色）或《巴黎协定》（蓝色）管控的所有卤代烃的辐射强迫上升情况，以及由于 SF_6 上升而产生的辐射强迫。请注意，从严格意义上来讲，虽然 SF_6 因不含有碳原子而不属于卤代烃，但它是大气中一种重要的卤代气体。每种气体或每组气体对辐射强迫的单独贡献基于其大气丰度历史和特有的辐射效率。图右侧标注中列出的气体是从每组中贡献最大的气体开始，按降序排列的，但次要的 CFCs 和哈龙除外，它们表示一个总值。各个辐射强迫项相加形成底部条形图，代表受控卤代烃、PFCs 和 SF_6 引起的总辐射强迫值。CFC-11 和 CFC-12 是卤代烃的最大来源，它们的辐射强迫值正在下降，并将随着 CFCs 逐渐从大气中被清除而继续下降（图 15-1）。相较之下，作为 ODS 过渡性替代气体的 HCFCs 的总辐射强迫预计还将增长 10～20 年，然后才会下降。HFCs 是 ODS 的长期替代气体。随着 2016 年 10 月《基加利修正案》的通过，《蒙特利尔议定书》现在对 GWP 较高的 HFCs 的未来生产和消费进行管控。因此，含卤温室气体引起的几乎所有辐射强迫现在都受到《蒙特利尔议定书》的管控（底栏）。根据《基加利修正案》的规定，预计未来 HFCs 引起的气候辐射强迫将在 20 年后达到峰值（见问题 19）。

2019 年，卤代烃对气候辐射强迫的贡献为 0.41 瓦特 / 平方米，是继 CO_2、CH_4 和对流层臭氧之后的第四大温室气体强迫（图 17-1）。图 17-2 凸显了受《蒙特利尔议定书》管控的不同卤代烃气体的贡献。在卤代烃中，CFC-12、CFC-11 和 CFC-113 在 2019 年的辐射强迫中所占的比例最大（67%）。过渡性 ODS 替代品 HCFCs 的贡献次之（15%）。长期 ODS 替代品 HFCs 加上 PFCs 和 SF_6 的贡献为 13%。最后，CCl_4 和 CH_3CCl_3 对 2019 年辐射强迫的贡献为 3%，次要的 CFCs 和哈龙的贡献为 2%。

CFCs 对辐射强迫的贡献随着其大气丰度的下降而逐渐减少，预计还会进一步减少（图 15-1）。由于 CFCs 的寿命较长，到 21 世纪末，CFCs 仍将对卤代烃的辐射强迫作出重大贡献，而且很可能是 ODS 中的最大贡献。即使遵守《基加利修正案》的规定，HFCs 的辐射强迫预计仍会在未来 20～30 年持续增加，然后开始缓慢下降（图 19-2）。

平流层和对流层臭氧

平流层和对流层中的臭氧吸收地球表面发出的红外辐射，将热量截留在大气中。臭氧还能大量吸收太阳紫外线辐射。平流层或对流层臭氧的增加或减少会引起气候强迫，因此，臭氧与气候之间存在直接联系。各种人类活动造成的空气污染导致全球对流层臭氧增加（见问题 2），1750—2019 年造成的正辐射强迫（变暖）估计为 0.47 瓦特 / 平方米，不确定性范围为 0.24～0.70 瓦特 / 平方米（图 17-1）。空气污染物释放导致的气候强迫具有很大的不确定性，这是由于我们对 1750—1955 年前后对流层臭氧丰度变化的了解有限，以及对控制对流层臭氧产生的复杂化学过程建模的困难。

另外，自 20 世纪中叶以来，大气中 ODS 的丰度不断上升，导致平流层臭氧减少，在 1750—2019 年造成了 -0.02 瓦特 / 平方米（降温）的负辐射强迫，不确

定性范围为 −0.15～0.11 瓦特 / 平方米（图 17-1）。平流层臭氧损耗引起的辐射强迫的正负是不确定的，因为这个量是两个数量级相当的项之间的差值，每个项都有相关的不确定性。第一项表示臭氧对地表和低层大气释放的外向红外辐射的捕获，该项为冷却作用，因为臭氧减少导致热量捕获减少。第二项表示臭氧对太阳紫外线辐射的吸收，该项为变暖作用，因为臭氧越少，太阳紫外线辐射对低层大气（对流层）的穿透越强。随着 ODS 逐渐从大气中被清除，平流层臭氧损耗所产生的辐射强迫将在未来几十年内减弱。

显然，平流层臭氧损耗并不是导致当今全球变暖的主要原因。首先，臭氧损耗的气候强迫很小。其次，其他温室气体（如 CO_2、CH_4、卤代烃和 N_2O）对气候的总辐射强迫很大而且是正强迫，导致气候变暖（图 17-1）。其他温室气体的总强迫是观测到的地球表面变暖的主要原因。

消耗臭氧潜能值和全球变暖潜能值

比较 ODP 和 GWP 是比较单个卤代烃排放对臭氧损耗和气候变化影响的有效方法。ODP 和 GWP 分别是相对于参考气体而言，某种气体排放造成臭氧损耗和气候强迫的效率（表 6-1）。图 17-3 是主要卤代烃气体之间的比较。CFC-11 的 ODP 和 CO_2 的 GWP 的参考值为 1。CFCs 和 CCl_4 的 ODP 都接近 1，表明其单位质量排放造成臭氧损耗的效果相当。主要哈龙的 ODP 大于 7，这使得其成为单位质量排放最有效的 ODS。所有 HFCs 的 ODP 都为 0，因为它们不含氯原子和溴原子，因此不会直接造成臭氧损耗（见问题 6）。

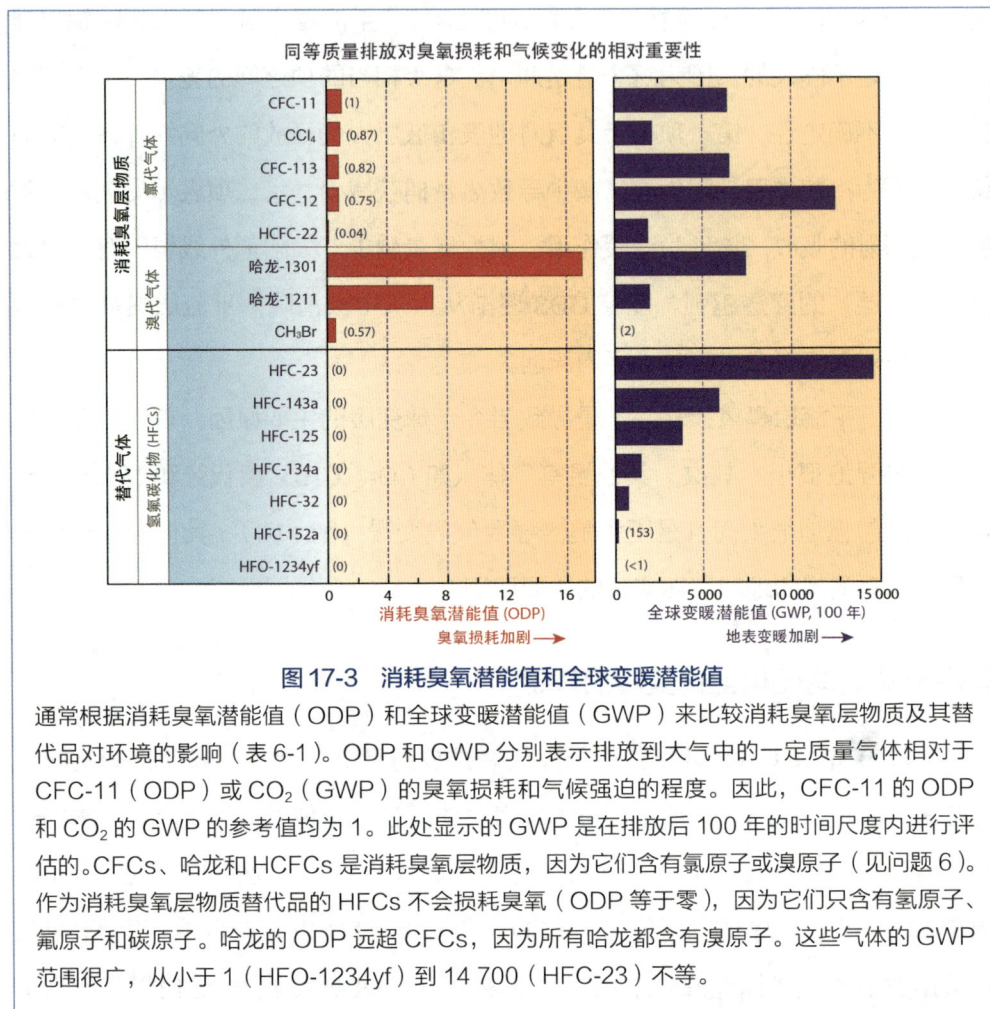

同等质量排放对臭氧损耗和气候变化的相对重要性

消耗臭氧潜能值（ODP）
臭氧损耗加剧 ⟶

全球变暖潜能值（GWP, 100 年）
地表变暖加剧 ⟶

图 17-3　消耗臭氧潜能值和全球变暖潜能值

通常根据消耗臭氧潜能值（ODP）和全球变暖潜能值（GWP）来比较消耗臭氧层物质及其替代品对环境的影响（表 6-1）。ODP 和 GWP 分别表示排放到大气中的一定质量气体相对于 CFC-11（ODP）或 CO_2（GWP）的臭氧损耗和气候强迫的程度。因此，CFC-11 的 ODP 和 CO_2 的 GWP 的参考值均为 1。此处显示的 GWP 是在排放后 100 年的时间尺度内进行评估的。CFCs、哈龙和 HCFCs 是消耗臭氧层物质，因为它们含有氯原子或溴原子（见问题 6）。作为消耗臭氧层物质替代品的 HFCs 不会损耗臭氧（ODP 等于零），因为它们只含有氢原子、氟原子和碳原子。哈龙的 ODP 远超 CFCs，因为所有哈龙都含有溴原子。这些气体的 GWP 范围很广，从小于 1（HFO-1234yf）到 14 700（HFC-23）不等。

　　所有卤代烃的 GWP 都不为 0，因此对气候辐射强迫有贡献。GWP 与气体的 ODP 并不完全一致，因为这两个量取决于分子的不同化学和物理特性。例如，虽然 HFC-143a 不会损耗臭氧（ODP=0），但每排放 1 千克 HFC-143a 对气候的影响是 1 千克 CO_2 的 6 000 倍。当 HFCs 排放到大气中时，它们对气候强迫的作用取决于其全球变暖潜能值，该潜能值的变化范围很大（从小于 1 到 15 000）。

　　《蒙特利尔议定书》的规定减少了 CFCs 的排放，增加了 HCFCs 的排放（见问题 15）。由于 HCFCs 的 GWP 比 CFCs 低，这些行动使得 ODS 的总辐射强迫停止了增长并缓慢下降（见问题 18）。然而，由于非 ODS 气体（HFCs、PFCs 和 SF_6）的贡献不断增加，所有卤代烃的总辐射强迫正在缓慢增加。HFCs 贡献的增长将受到 2016 年《基加利修正案》（见问题 19）规定的限制。值得注意的是，尽管 CO_2 的 GWP 与许多其他卤代烃和其他温室气体相比很小，但它是人类活动产生的最重要的温室气体，因为它的排放量大，在大气中的寿命长，在大气中的丰度远大于与人类活动相关的所有其他温室气体。

南极臭氧空洞与南半球气候

　　虽然平流层臭氧损耗不是全球气候变化的主要原因，但观测数据表明，自 20 世纪 80 年代初以来反复出现的南极臭氧空洞，已导致南半球大气和海洋气候参数发生变化。下文将详细解释这些研究结果。

南极臭氧空洞与南半球地表气候

　　2000 年年初，根据观测和模型进行的研究首次发现了平流层臭氧损耗与地表气候变化之间的联系。虽然不断增加的温室气体（如 CO_2、CH_4 和 N_2O）是全球气候变化的主要驱动力，但自 20 世纪 80 年代初以来，由于臭氧空洞对大气环流的影响，每年春季都会出现的南极臭氧空洞已被证明对观测到的南半球夏季地表气候的变化有贡献。

　　南极上空春季臭氧的严重损耗导致极地低平流层的强烈冷却，这种冷却一直持续到南半球的初夏。这种冷却增加了热带和极地之间的温度差异，并加强了平流层风。因此，在南半球，对流层环流特征向极地移动，包括热带哈得来环流圈（决定了亚热带干旱区的位置）和中纬度喷流（与天气系统有关）。模式和观测都有证据表明，南半球亚热带和中纬度夏季降水模式已受到这些变化的影响。模式研究表明，尽管导致气候变化的长寿命温室气体加剧了南半球夏季对流层环流的变化，但自 20 世纪 80 年代初以来，臭氧损耗一直是导致观测到的变化的主要因素。古气候重建表明，每年反复出现的臭氧空洞所导致的这些气候特征的现状在过去 600 年中是前所未有的。

臭氧空洞恢复的初步迹象正在出现，特别是在 9 月（见问题 10）。在 21 世纪，平流层卤素的减少导致臭氧空洞进一步恢复，上文讨论的与臭氧损耗有关的气候影响将减弱（见问题 20）。由于臭氧空洞的面积和深度初步恢复，臭氧空洞对南半球夏季环流趋势的影响最近趋于稳定（见问题 10）。南半球地表气候在其他季节对臭氧损耗的响应弱于夏季的响应。

问题 18.《蒙特利尔议定书》对消耗臭氧层物质的管控是否也有助于保护地球气候？

是的，许多 ODS 也是强效温室气体，当它们在大气中累积时，会导致全球变暖。在过去的 20 年里，《蒙特利尔议定书》的管控措施已使 ODS 的排放量大幅减少。这些减排措施在保护臭氧层的同时，还能减少人类对气候变化的影响。如果没有《蒙特利尔议定书》的管控措施，ODS 导致的全球变暖现在可能是现值的近 3 倍。随着 2016 年《蒙特利尔议定书》的《基加利修正案》的通过，气候保护的范围扩大到包括对 HFCs 的管控，HFCs 不会消耗臭氧，但会导致全球变暖（见问题 19）。

《蒙特利尔议定书》成功地控制了 ODS 的生产和消费，保护了臭氧层（见问题 14）。由于所有 ODS 都是温室气体，因此 ODS 排放和大气丰度的减少也减少了人类对气候的影响（见问题 17）。通过保护臭氧和气候，《蒙特利尔议定书》为社会和地球生态系统带来了双重效益。如图 18-1 所示，通过考虑 ODS 排放、ODP、GWP、EESC 和气候辐射强迫的长期基准和全球避免的情景，突出了《蒙特利尔议定书》的双重效益。

消耗臭氧层物质基准情景

基准情景是指主要卤代气体过去的实际 ODS 排放量和 2021—2025 年的预计排放量。基准情景在图 18-1 中标注为"由观测到的 ODS 丰度计算"，因为 1960—2020 年的排放量是根据对地球表面观测到的主要 ODS 气体丰度的分析得出的

（图 15-1）。该情景还包括自然产生的卤代气体 CH_3Cl 和 CH_3Br 的排放。在这种情景下，ODS 的排放峰值出现在 20 世纪 80 年代末（图 0-1）。

　　对于图 18-1 所示的所有排放情景，每种气体的年排放量乘以其相应的臭氧消耗潜能值（ODP）（左上图）或全球变暖潜能值（GWP）（右上图）进行加权（见问题 17 和表 6-1）。相较于排放相同质量的 CFC-11（ODP）或 CO_2（GWP）对臭氧或气候变暖的影响，特定气体的 ODP 和 GWP 量化了排放一定质量的气体在损耗臭氧（ODP）或使气候变暖（GWP）方面的效果。在这两种情况下，参考气体（CFC-11 和 CO_2）的值均为 1，所有其他气体的 ODP 和 GWP 也相应地按比例计算（表 6-1，见问题 17）。例如，因为哈龙 -1211 的 ODP 为 7.1，1 千克哈龙 -1211 排放量表示为 7.1 千克 CFC-11 当量排放量。同样，因为 CO_2 是参考气体，指定的 GWP 为 1，GWP 加权总和表示为 CO_2 当量排放量。同样，因为 CCl_4 的 GWP 为 2 150，1 千克 CCl_4 排放被视为 2 150 千克 CO_2 当量排放量。这里显示的 GWP-100 值反映了 100 年时间尺度的选择。

全球避免消耗臭氧层物质的情景

　　ODS 排放的基准情景可以与全球通过成功执行《蒙特利尔议定书》而避免排放的 ODS 情景进行对比（图 18-1）。全球避免消耗臭氧层物质的情景是通过假定从 1987 年起，ODS 的排放量以每年 3% 的速度增长而得出的。这一增长率与 20 世纪 80 年代末 ODS 的强劲市场是一致的，该市场包括各种当前和潜在的应用，并有可能在发展中国家大幅增长。

二氧化碳排放情景

　　图 18-1 右上图还显示了 CO_2 的长期排放量。大气中的 CO_2 是人类活动排放的主要温室气体。CO_2 排放曲线代表的是全球各国报告的 CO_2 排放量，是煤炭、

石油、天然气的燃烧以及全球船舶和飞机使用的燃料、水泥生产和全球森林砍伐所释放的 CO_2 排放量的总和。

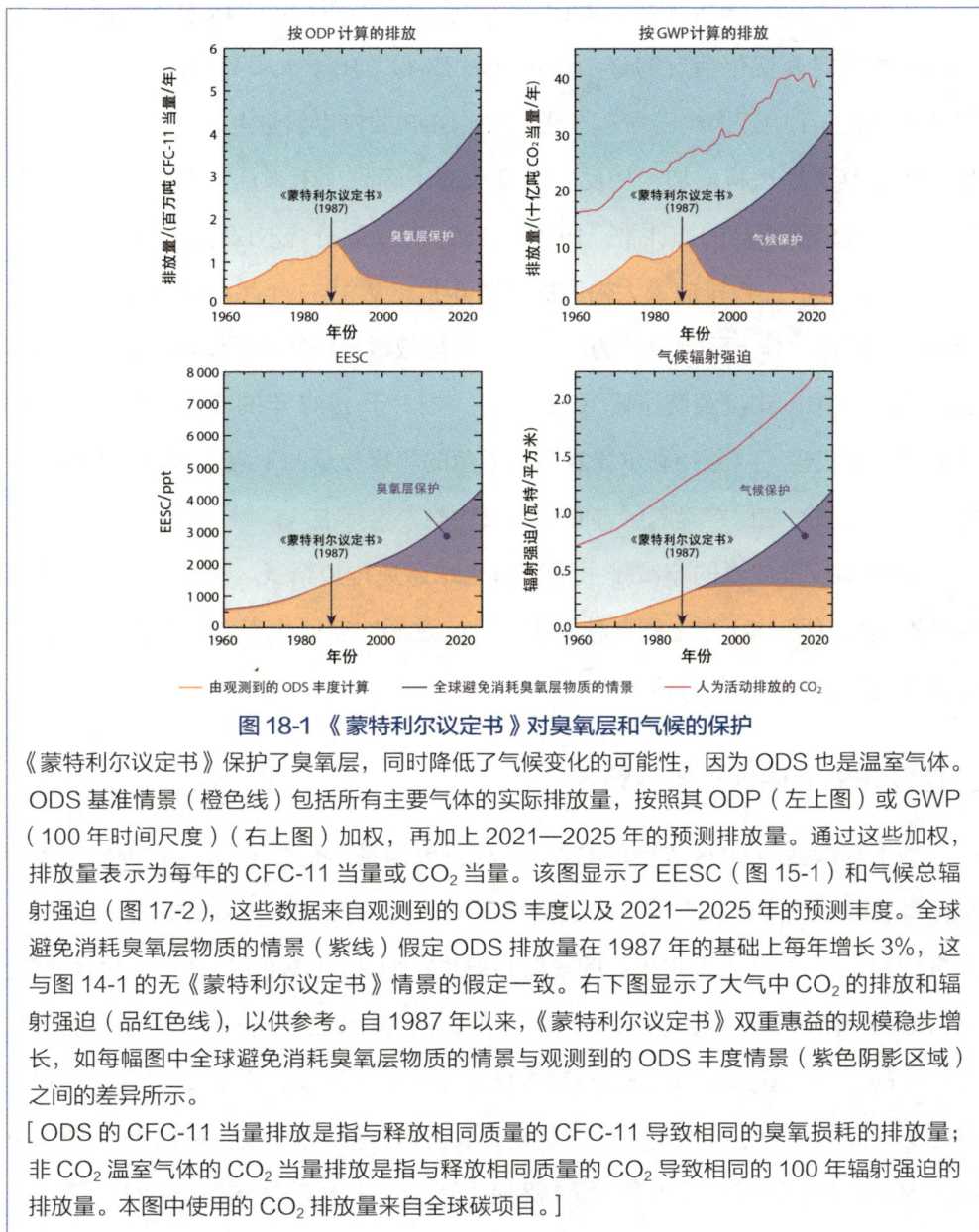

图 18-1 《蒙特利尔议定书》对臭氧层和气候的保护

《蒙特利尔议定书》保护了臭氧层，同时降低了气候变化的可能性，因为 ODS 也是温室气体。ODS 基准情景（橙色线）包括所有主要气体的实际排放量，按照其 ODP（左上图）或 GWP（100 年时间尺度）（右上图）加权，再加上 2021—2025 年的预测排放量。通过这些加权，排放量表示为每年的 CFC-11 当量或 CO_2 当量。该图显示了 EESC（图 15-1）和气候总辐射强迫（图 17-2），这些数据来自观测到的 ODS 丰度以及 2021—2025 年的预测丰度。全球避免消耗臭氧层物质的情景（紫线）假定 ODS 排放量在 1987 年的基础上每年增长 3%，这与图 14-1 的无《蒙特利尔议定书》情景的假定一致。右下图显示了大气中 CO_2 的排放和辐射强迫（品红色线），以供参考。自 1987 年以来，《蒙特利尔议定书》双重惠益的规模稳步增长，如每幅图中全球避免消耗臭氧层物质的情景与观测到的 ODS 丰度情景（紫色阴影区域）之间的差异所示。

[ODS 的 CFC-11 当量排放是指与释放相同质量的 CFC-11 导致相同的臭氧损耗的排放量；非 CO_2 温室气体的 CO_2 当量排放是指与释放相同质量的 CO_2 导致相同的 100 年辐射强迫的排放量。本图中使用的 CO_2 排放量来自全球碳项目。]

臭氧消耗潜能值加权排放量

基于观测到的 ODS 丰度的 ODP 加权排放情景是衡量 ODS 对平流层臭氧的总体威胁随时间变化情况的一个指标（图 18-1）。由于大多数 ODS 在大气中存留多年（表 6-1 中"大气寿命"一栏），当 ODP 加权排放量上升时，意味着在未来许多年臭氧损耗将增加。相反，当排放量下降时，未来几年的臭氧损耗量将少于排放量仍然很高的损耗量。1960—1987 年（《蒙特利尔议定书》签署的那一年），年度 ODP 加权排放量大幅增加（图 0-1）。从 1987 年起，ODP 加权年排放量开始长期稳定地下降到目前的数值。预计排放量将继续呈下降趋势，导致所有 ODS 在大气中的丰度最终下降（图 15-1）。相对于 1987 年的峰值，ODP 加权排放的减少量代表了《蒙特利尔议定书》避免的年排放量的下限，这也是衡量《蒙特利尔议定书》在保护臭氧层方面日益成功的一个标准。

ODP 加权排放量的年减排上限来自全球避免排放情景。全球避免排放情景与基准情景（图 18-1 左上图紫色阴影区域）之间的差值代表《蒙特利尔议定书》提供的臭氧层保护的估计值。

全球变暖潜能值加权排放量

基于观测到的 ODS 丰度的 GWP 加权排放情景，是衡量 ODS 对地球气候的总体威胁随时间变化情况的一个指标（图 18-1）。随着 GWP 加权排放量的增加，大气中积累的 ODS 对未来气候的辐射强迫也在增加。GWP 加权情景中的长期变化与 ODP 加权情景中的长期变化非常相似。两种情景都显示出 1987 年前的增长和之后的下降。这种相似性源于 CFC-11 和 CFC-12 在 ODS 造成的臭氧损耗和气候强迫方面所起的主导作用。全球避免排放情景与基准情景之间的差异（图 18-1 右上图紫色阴影区域）代表了《蒙特利尔议定书》提供的气候保护的估计值。

1960—1987 年，GWP 加权的 ODS 年排放量占全球 CO_2 排放量的比例很大（20%～40%）。此后，这一比例一直在稳步下降，到 2022 年为全球 CO_2 排放量的 2%～3%。过去的这一趋势与全球避免排放情景形成了鲜明对比，在全球避免排放情景中，2022 年 ODS 排放量占 CO_2 排放量的比例将上升到 50% 以上。理解《蒙特利尔议定书》气候惠益的另一种角度是将 2022 年紫色阴影区域的高度与 1987 年以来 CO_2 排放量的增加进行比较，如图 18-1 所示。这两个数量在数量级上几乎相等，表明自 1987 年以来，《蒙特利尔议定书》避免了 GWP 加权的 ODS 排放量的增长，而这一增长几乎等同于同期全球 CO_2 排放量的增长。

等效平流层氯情景

图 18-1（左下图）中的 EESC 情景提供了 ODS 的大气丰度对于损耗平流层臭氧的逐年潜力的衡量。图中显示了两种情景：使用观测到的 ODS 丰度的基线（预测到 2025 年）和上述全球避免消耗臭氧层物质的情景。问题 15 中讨论了从 ODS 大气丰度推导 EESC 的方法，图 13-1、图 14-1（红色曲线）和图 15-1 显示了不同时间间隔的相同 EESC 基准情景。1987 年以后，当 ODS 的加权排放量下降时，由于主要 ODS 在大气中的寿命较长，EESC 并没有按比例下降（表 6-1）。如图 18-1 所示，EESC 在 ODP 加权排放达到峰值近 10 年后才达到峰值，到 2022 年，EESC 从峰值下降的幅度只有约 18%，而 ODP 加权排放到 2022 年下降了 80%。相反，如果 ODS 的排放遵循全球避免排放情景，那么 EESC 将是今天平流层中 EESC 值的 2 倍多。在这种情况下，计算机模拟显示 2020 年的全球臭氧总值比 1964—1980 年的平均值低约 17%。随后几年的损耗量甚至会更大。《蒙特利尔议定书》及其修正案和调整方案为全球臭氧层和气候提供了极其重要的保护。

辐射强迫情景

图 18-1（右下图）中的气候情景的辐射强迫提供了 ODS 大气丰度对气候变化的逐年贡献的度量。ODS 的辐射强迫等于自 1750 年以来其大气丰度的净增加值乘以其辐射效率，后者量化了特定 ODS 分子在保持红外辐射方面的效率。根据观测到的大气丰度计算出了迄今为止 ODS 的辐射强迫。从 1960 年开始，ODS 引起的辐射强迫平稳上升，在 2010 年达到峰值，随后几年逐渐下降。由于两种主要贡献气体（CFC-11 和 CFC-12）的丰度较高，且在大气中的寿命较长，分别约为 50 年和 100 年，因此减少 ODS 排放所带来的气候辐射强迫下降速度较慢。

增加《蒙特利尔议定书》的惠益

2016 年，《基加利修正案》对一些 HFCs 的生产和消费进行了管控（见问题 19），从而扩大了《蒙特利尔议定书》在保护气候方面的惠益。HFCs 不含氯原子或溴原子，因此不会消耗臭氧。许多 HFCs 气体具有很高的辐射效率和较长的大气寿命，从而导致全球显著变暖（图 19-2）。通过扩大对哈龙、CFCs 和 HCFCs 的捕集和销毁，避免继续使用 ODS 作为生产其他化学品的原料，以及消除不受《蒙特利尔议定书》控制的卤代气体（如 CH_2Cl_2）的未来排放，可以进一步增加《蒙特利尔议定书》的臭氧层和气候效益。库存主要与制冷、空调、消防设备、隔热泡沫和用于长期维修的库存中所含的 ODS 有关。与《蒙特利尔议定书》在 2023 年之前允许（HCFCs 和 CH_3Br）有限的生产和消费的 ODS 相比，现有库存向大气释放的 ODS 预计将在未来几十年内加剧臭氧损耗。如果从 2023 年开始实施所有可用的备选方案来避免未来向大气中排放 ODS，那么中纬度地区（图 14-1）和极地平流层的 EESC 将提前约 10 年恢复到 1980 年的水平。

问题 19. 《蒙特利尔议定书》是如何不止于管控消耗臭氧层物质的？

2016 年 10 月在卢旺达基加利召开的《蒙特利尔议定书》缔约方第二十八次会议对《蒙特利尔议定书》进行了修订，以控制 HFCs 的生产和消费。《蒙特利尔议定书》逐步淘汰 CFCs 导致了 HCFCs 的临时使用。HFCs 不会对臭氧层构成直接威胁，因此随后对 HCFCs 的淘汰导致 HFCs 的长期使用增加。然而，HFCs 是温室气体，因此会导致气候变化。预计限制 GWP 较高的 HFCs 的生产和消费可在 21 世纪避免全球升温 0.3～0.5℃。《基加利修正案》标志着《蒙特利尔议定书》首次通过了仅用于保护气候的条例。

《蒙特利尔议定书》对 ODS 的控制具有保护地球臭氧层和全球气候的双重效益（见问题 18）。《蒙特利尔议定书》认为，HFCs 在全球范围内的广泛使用及其在未来几十年内的预期增长可能会对人类活动造成的气候变化产生重大影响。为此，通过了《基加利修正案》，以控制 GWP 较高的 HFCs 的生产和消费（见问题 17）。全面遵守《基加利修正案》的规定将大幅提高《蒙特利尔议定书》的气候保护效益。

氢氟碳化物

HFCs 是 ODS 的替代化合物，之所以选择 HFCs 是因为它们不含导致臭氧损耗的氯或溴。HFCs 被广泛用于家用空调和制冷行业，也可用作泡沫发泡剂、喷雾罐推进剂和其他化学品的生产原料。随着全球逐步淘汰 HCFCs

这类早期替代化合物的工作接近尾声，以上用途也在不断增加。由于物理性质和辐射性质的不同，HFCs 的 GWP 有较大的变化范围（表 6-1 和图 17-3）。例如，HFC-134a（主要用于空调和制冷）的 GWP 为 1 470，这意味着在每千克 HFC-134a 释放到大气中之后一个世纪的时间里，其增加气候强迫的效果是每千克 CO_2 的 1 470 倍。相较之下，HFC-134a 的替代品 HFO-1234yf 的 GWP 小于 1。

HFC-23

在《基加利修正案》中，HFC-23 被单独考虑，因为这种气体主要是在 HCFC-22 和 HFCs 的生产过程中作为无用副产品产生的。HFC-23 的 GWP 相当大（14 700），部分原因是其在大气中的寿命长达 228 年。尽管有许多方法可以在生产设施中对 HFC-23 进行化学销毁，但这种化合物仍继续被释放到大气中。例如，2009—2019 年大气中 HFC-23 的丰度增加了 44%。2019 年，HFC-23 的辐射强迫为 0.006 瓦特 / 平方米，约占所有 HFCs 总强迫的 15%。《基加利修正案》在逐步减少其他 HFCs 的同时，也要求减少无意产生的副产物 HFC-23，但没有为 HFC-23 的排放提供具体的控制措施，而是要求各国在可行的范围内销毁 HFC-23，以避免未来的排放和相关的气候强迫增加。

使用氢氟碳化物对气候的影响

自 2000 年以来，以 CO_2 当量排放量表示的 HFCs 全球总排放量一直在稳步增长，到 2020 年将达到每年约 10 亿吨 CO_2 当量（图 19-1）。HFCs 的主要排放物是 HFC-134a、HFC-143a、HFC-125 和 HFC-32，它们被广泛用于 R404A（52% HFC-143a、44% HFC-125 和 4% HFC-134a）和 R410A（50% HFC-32、50% HFC-125）等混合制冷剂中。近期 HFCs 消费量（和排放量）的增长部分是由于用 HFCs 替代了根据《蒙特利尔议定书》逐步淘汰的 HCFCs。2019 年，HFCs 的大气丰度贡献了所有卤代烃化合物气候强迫的约 10%（图 17-2），不到所有其他长寿命温室气体辐射强迫的 1%（图 17-1）。基于当前生产和消费模式以及未来经济增长的预测表明，如果没有《基加利修正案》，到 2050 年，HFCs 的排放量可能达到每年约 50 亿吨 CO_2 当量，到 2100 年，这一数值将增加近 1 倍（图 19-1）。2050 年的这一预计排放值约为 1987 年 ODS 的 CO_2 当量排放峰值的一半（图 18-1）。

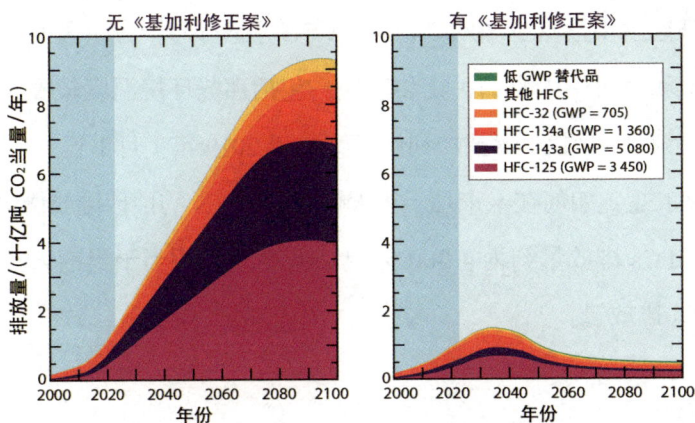

图 19-1　HFCs 排放与《基加利修正案》

《基加利修正案》限制了一组 GWP 较高的 HFCs 的生产和消费。HFCs 被认为是 ODS 的替代化合物，因为 HFCs 不含氯原子和溴原子，不会对臭氧层构成直接威胁。通过执行《基加利修正案》，避免 GWP 较高的 HFCs 的大量排放，将加强对未来气候的保护。由于物理性质和化学性质不同，HFCs 的 GWP 范围很广（表 6-1 和图 17-3）。图中显示了广泛使用的 GWP 较高的 HFCs 的排放量。排放量按每种化合物的 100 年 GWP 加权；在这种加权下，排放量表示为每年的 CO_2 当量质量。左图中的排放量基于对截至 2013 年的大气观测数据的分析和对 2100 年的预测，该预测代表了在没有《基加利修正案》和国家法规的情况下未来全球排放量的上限范围。右图显示的是基于 2020 年之前大气观测数据的 GWP 加权排放以及到 2100 年的预测排放量（假定国际社会遵守《基加利修正案》的规定）。右图中的预测包括一类被称为"低 GWP 替代品"的制冷剂化合物，其 GWP 远低于它们所替代的制冷剂。低 GWP 替代品包括一类 HFCs，即 HFOs，它也仅由氢原子、氟原子和碳原子组成。HFOs 的化学结构导致这些化合物在低层大气（对流层）中的反应性比其他 HFCs 更强，因此，HFOs 在大气中释放后的寿命更短（表 6-1）。因此，与相同质量的 GWP 较高的 HFCs 相比，HFOs 的排放造成的辐射强迫要低得多。

因此，在没有《基加利修正案》的情况下，预计未来几十年 HFCs 排放量的增长将抵消《蒙特利尔议定书》规定的 ODS 减排所带来的大量气候保护效益。

《基加利修正案》

随着 2016 年《基加利修正案》的通过，《蒙特利尔议定书》改变了 HFCs 的未来排放。该修正案要求在未来 30 年内逐步减少全球 GWP 较高的 HFCs 的生产和消费，在基准水平上减少 80% 以上（以 CO_2 当量计）。分阶段的削减时间表兼顾了发达国家和发展中国家的关切和利益，包括那些环境温度较高且未来空调使用需求可能会增加的国家。《基加利修正案》于 2019 年 1 月 1 日生效。图 19-1 显示了该修正案的规定如何在未来几十年大幅减少 HFCs 的预计排放量。到 2100 年，累计避免的 HFCs 排放量约为 4 200 亿吨 CO_2 当量，相当于当前人类活动水平下 10 余年的 CO_2 排放量。

扩大气候保护

《基加利修正案》大幅扩展了《蒙特利尔议定书》提供的气候保护（见问题 18）。随着《基加利修正案》的全面实施，HFCs 的全球年排放量将在 2040 年前达到峰值（图 19-1）。如果没有《基加利修正案》，预计年排放量将增加，直到 21 世纪下半叶达到市场饱和，年排放量约为 100 亿吨 CO_2 当量，比有《基加利修正案》情景下的排放峰值高出近 5 倍。此外，如图 19-2 所示，对气候的长期辐射强迫（与大气丰度成正比）大幅降低。在没有《基加利修正案》的情况下，预计 HFCs 产生的辐射强迫将在 21 世纪持续增加，到 2100 年达到约 0.6 瓦特 / 平方米。在这种情况下，到 21 世纪末，HFCs 的辐射强迫将超过 N_2O，并与 CH_4 的辐射强迫不相上下。有《基加利修正案》的情况下，HFCs 对气候的辐射强迫将在 2050 年前达到峰值，并在 2100 年逐渐降至 0.07 瓦特 / 平方米左右。如

图 19-2 所示，2100 年 CH_4 和 N_2O 的辐射强迫值范围远远超过了《基加利修正案》中 HFCs 产生的 0.07 瓦特 / 平方米的辐射强迫。

由于《基加利修正案》的规定，未来几十年避免 HFCs 辐射强迫带来的好处可以用避免的全球平均地表温度上升来表示。在没有《基加利修正案》和国家法规的情况下，预计到 2100 年，由于未来大气中 HFCs 的增加而导致温度上升 0.3~0.5℃（图 19-2）。相较之下，在全面实施该修正案的情况下，预计气温升高约 0.06℃，这比预计 2100 年 CH_4 和 N_2O 的丰度导致的升温幅度要小得多。目前，自 1750 年工业时代开始以来，人类活动的所有排放造成的全球升温幅度约为 1.2℃。《联合国气候变化框架公约》的《巴黎协定》的目标是将自工业时代开始以来的全球升温幅度限制在远低于 2.0℃ 的范围内，并努力将全球升温幅度限制在 1.5℃ 的范围内。《基加利修正案》所避免的 0.3~0.5℃ 的气温上升对实现这一目标有很大帮助。

低全球变暖潜能值物质

《基加利修正案》鼓励在未来几十年使用低 GWP 物质或其他替代品来替代 GWP 较高的 HFCs（表 6-1 和图 17-3）。其他替代品包括丙烷、氨和其他气候友好型技术。低 GWP 物质包括一类 HFCs，即 HFOs，它也仅由氢原子、氟原子和碳原子组成。HFOs 的化学结构包括一个碳碳双键，这使得这些化合物在低层大气（对流层）中比其他 HFCs 反应性更强。因此，HFOs 在大气中的寿命很短。其中的一种化合物 HFO-1234yf 的寿命只有 12 天，而 HFC-23、HFC-143a 和 HFC-134a 的寿命分别为 228 年、52 年和 14 年（表 6-1）。HFOs 在大气中的寿命短，导致其 GWP 非常低。因此，与排放相同质量的 GWP 较高的 HFCs 相比，排放 HFOs 造成的气候强迫要低得多（图 19-1）。

《基加利修正案》情景下的排放预测包括图 19-1 中标注为 "低 GWP 替代品"的一组化合物。这些化合物有望满足那些逐步削减使用高 GWP 的 HFCs 的行业的应用需求。即使大量排放这些低 GWP 替代品，未来对气候变化的预计影响也远小于在没有《基加利修正案》的情况下 GWP 较高的 HFCs 的预计排放影响。

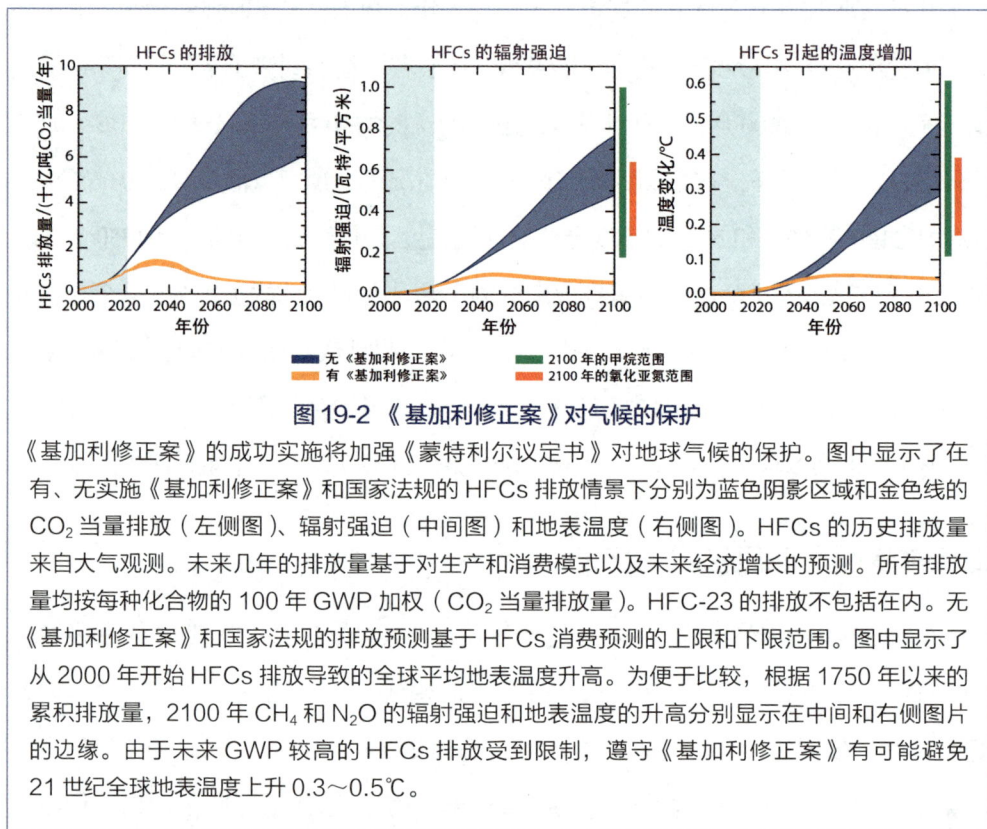

图 19-2 《基加利修正案》对气候的保护

《基加利修正案》的成功实施将加强《蒙特利尔议定书》对地球气候的保护。图中显示了在有、无实施《基加利修正案》和国家法规的 HFCs 排放情景下分别为蓝色阴影区域和金色线的 CO_2 当量排放（左侧图）、辐射强迫（中间图）和地表温度（右侧图）。HFCs 的历史排放量来自大气观测。未来几年的排放量基于对生产和消费模式以及未来经济增长的预测。所有排放量均按每种化合物的 100 年 GWP 加权（CO_2 当量排放量）。HFC-23 的排放不包括在内。无《基加利修正案》和国家法规的排放预测基于 HFCs 消费预测的上限和下限范围。图中显示了从 2000 年开始 HFCs 排放导致的全球平均地表温度升高。为便于比较，根据 1750 年以来的累积排放量，2100 年 CH_4 和 N_2O 的辐射强迫和地表温度的升高分别显示在中间和右侧图片的边缘。由于未来 GWP 较高的 HFCs 排放受到限制，遵守《基加利修正案》有可能避免 21 世纪全球地表温度上升 0.3～0.5℃。

使用氢氟碳化物的其他环境后果

由于未来 HFCs（包括 HFOs）、HCFCs 和相关化合物的排放，预计未来几十年三氟乙酸（TFA，化学式 $C_2HF_3O_2$）在大气中的丰度将会增加。当这些化合物在大气中分解时，会产生 TFA，这是一种持久性、长寿命的化学物质，可能会对人类和动植物造成危害。目前，雨水和海水中的 TFA 浓度通常远低于毒性限值。

TFA 未来可能对环境造成的影响是目前研究的热点。

未来

按照《基加利修正案》时间表逐步削减 HFCs，则 HFCs 对未来气候强迫的影响将非常有限。要通过实施修正案实现最大限度的气候保护，就要求使用 GWP 小得多甚至可以忽略不计的化合物替代 GWP 较高的 HFCs。与 GWP 较低的替代物质或其他替代品相关的技术发展，以及制冷和空调设备的改进，将有助于实现最大限度的保护。为制冷和空调设备供电时所释放的温室气体也是该行业间接造成气候影响的原因之一。在向低 GWP 替代制冷剂过渡的过程中，该行业设备能效的提高有可能使《基加利修正案》的直接气候惠益翻倍。低 GWP 替代化合物、能源效率的提高和可再生能源的增长相结合，具有巨大的潜力，能够将全球制冷和空调应用对气候强迫的直接影响和间接影响降至最低。

第六部分　未来的平流层臭氧

Part 6 Stratospheric Ozone in the Future

问题 20. 预计平流层臭氧在未来几十年会发生怎样的变化？

假定全球都遵守《蒙特利尔议定书》，预计到 21 世纪中叶，全球臭氧层将从 ODS 的影响中恢复过来。随着未来几十年平流层中 ODS 和反应性卤代气体丰度的降低，臭氧层将得到恢复。除 ODS 之外，臭氧丰度也将日益受到气候变化的影响。未来气候变化对臭氧层的影响将因热带、中纬度和极地地区而异，并在很大程度上取决于未来 CO_2、CH_4 和 N_2O 的排放量。在漫长的恢复期内，大规模火山爆发可能会在数年内暂时减少全球臭氧量。

预期的全球和极地臭氧层恢复是《蒙特利尔议定书》成功减少全球 ODS 生产和消费的直接结果。目前，大多数主要 ODS 在大气中的丰度和相关的 EESC 值都在逐年下降（见问题 15）。与 ODS 作用减弱形成鲜明对比的是，气候变化预计将对未来的臭氧总量水平产生越来越大的影响。气候变化的驱动力是温室气体，主要是 CO_2、CH_4 和 N_2O 的预期增长。温室气体丰度的增加将导致温度、化学条件和平流层环流的变化，所有这些都会影响臭氧。化学 – 气候模型可用于预测臭氧在恢复期过程中将如何对特定地理区域的 ODS 和气候的变化作出反应。大型火山爆发和野火等偶发事件，或向平流层注入气溶胶以减缓全球变暖等刻意行为，也可能影响未来的臭氧水平。

使用化学 – 气候模型

化学 – 气候模型（CCM）是一种复杂的计算机程序，用于模拟温度、风、辐射以及包括平流层臭氧在内的大气化学成分。在对臭氧进行模拟研究时，模拟的结果是随着时间、高度和地理位置的变化而变化的。本书介绍的臭氧总量预测基于一组化学 – 气候模型的结果，这些模型考虑了 ODS 和温室气体变化的影响。这些模型通过评估控制臭氧和气候的过程之间复杂的相互作用，包括辐射、化学过程和平流层风对化学品的传输，展示了不同地理区域的臭氧变化情况。模型输入包括 ODS、温室气体（包括 CO_2、CH_4 和 N_2O）、空气污染气体以及太阳辐射的历史和预测浓度。化学 – 气候模型模拟的结果用于确定对未来臭氧丰度具有重要影响的特定过程。例如，由未来几十年大气中温室气体丰度的增加所驱动的模型预测显示，全球尺度的平流层环流将加强，这种环流将空气从对流层带入热带的平流层，将平流层空气向两个半球的极地移动，然后将空气送回中高纬度地区的对流层。这些环流变化将极大地改变臭氧的全球分布以及 ODS 和其他长寿命气体在大气中的寿命（见问题 6）。此外，由于温室气体对气候的正向辐射强迫作用，地球表面预计将继续变暖（见问题 17），而平流层预计将继续变冷。平流层上层变冷会导致臭氧增加，因为较低的温度会减缓导致臭氧损失的气相反应。相反，特别是在 PSC 的出现增加的情形下，极地低平流层的寒冷条件将有可能加剧臭氧损耗。

CH_4 和 N_2O 均参与了决定平流层臭氧水平的化学反应。CH_4 含量增加的主要影响是增加臭氧，而 N_2O 增加的主要影响是减少臭氧。平流层中的 CH_4 分解会产生更多的反应性氢气体，从而在平流层的最下层产生臭氧，并增强反应性氯向其储存性气体 HCl 的转化过程（见问题 7）。CH_4 的分解也会产生更多的 H_2O，从而使平流层上层降温，减缓臭氧损耗反应。相反，N_2O 分解产生的反应性氮气体会损耗臭氧（见问题 8）。随着卤素含量的下降，更多的 N_2O 对臭氧层损耗的影响变得越来越重要。

模拟最近的臭氧变化

将模式结果与观测结果进行比较有助于确认臭氧损耗的原因，并增加模型对未来臭氧量预测的可信度。两个重要的衡量指标是极地以外地区的全球平均臭氧柱总量（见问题 3）和 10 月（臭氧损耗高峰月）南极地区的臭氧总量。图 20-1 将这些观测结果与一组化学 – 气候模型的模拟结果进行了比较。臭氧的两个时间序列都显示，自 1980 年以来，臭氧大量损耗。在这两个地区，臭氧的平均模式值与观测到的总体下降趋势一致，这表明这些模式很好地模拟了臭氧损耗的主要过程。

全球和南极臭氧的年际变化很大，但这些模拟没有反映出来。臭氧观测值和模拟值之间的差异是由于这些模拟并没有很好地体现如年际气象变率等因素的影响。1996—2020 年，观测到的全球臭氧变化很大，并略有上升，上升幅度不到1%（见问题 12）。10 月的南极臭氧年际变化更大，但有迹象表明，自 2000 年以来，臭氧空洞的大小和严重程度（臭氧损耗的最大值）都有所减小，尤其是在气象变率影响较小的 9 月（见问题 10）。

长期臭氧总浓度预测

图 20-1 显示了从化学 – 气候模型得出的 1960—2100 年的臭氧总量变化。这些模拟使用了《臭氧损耗科学评估：2018 年》中给出的 ODS 丰度预测值。根据 2018 年 ODS 预测值计算的 EESC（见问题 15），中纬度和极地平流层将分别在 2061 年和 2077 年恢复到 1980 年的水平。

图 20-1 所示的模型模拟使用了对 CO_2、CH_4 和 N_2O 的预测，称为共享社会经济路径（SSP）。每个 SSP 都根据预测排放量对未来温室气体的丰度进行了估算，而预测排放量是根据人口增长、经济发展、技术创新和与环境有关的政治决策的各种假设构建的。图 20-1 显示了在高气候强迫情景（SSP3-7.0；紫色线）、中等气候强迫情景（SSP2-4.5；深橙色线）和低气候强迫情景（SSP1-2.6；蓝色线）下，极地以外地区（60°S～60°N）（上图）的年平均臭氧和 10 月 70°S～90°S 地区（下图）臭氧的变化。这三条线代表了众多化学 – 气候模型的

多模型平均预测值。

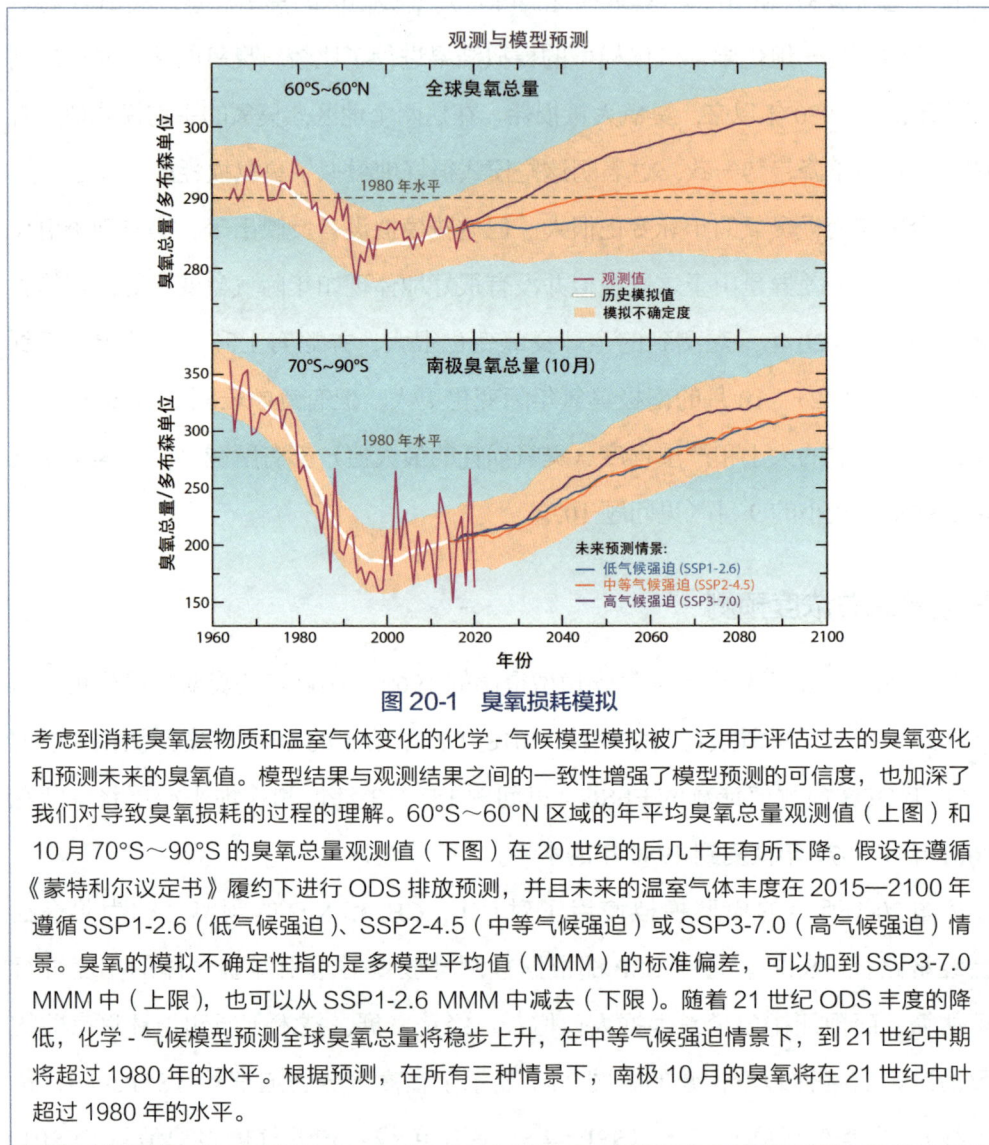

图 20-1　臭氧损耗模拟

考虑到消耗臭氧层物质和温室气体变化的化学 - 气候模型模拟被广泛用于评估过去的臭氧变化和预测未来的臭氧值。模型结果与观测结果之间的一致性增强了模型预测的可信度，也加深了我们对导致臭氧损耗的过程的理解。60°S~60°N 区域的年平均臭氧总量观测值（上图）和 10 月 70°S~90°S 的臭氧总量观测值（下图）在 20 世纪的后几十年有所下降。假设在遵循《蒙特利尔议定书》履约下进行 ODS 排放预测，并且未来的温室气体丰度在 2015—2100 年遵循 SSP1-2.6（低气候强迫）、SSP2-4.5（中等气候强迫）或 SSP3-7.0（高气候强迫）情景。臭氧的模拟不确定性指的是多模型平均值（MMM）的标准偏差，可以加到 SSP3-7.0 MMM 中（上限），也可以从 SSP1-2.6 MMM 中减去（下限）。随着 21 世纪 ODS 丰度的降低，化学 - 气候模型预测全球臭氧总量将稳步上升，在中等气候强迫情景下，到 21 世纪中期将超过 1980 年的水平。根据预测，在所有三种情景下，南极 10 月的臭氧将在 21 世纪中叶超过 1980 年的水平。

这些模拟显示，假设继续遵守《蒙特利尔议定书》，极地以外地区臭氧层的未来恢复将主要受温室气体的影响。未来 CO_2、CH_4 和 N_2O 较广的丰度范围制约了全球臭氧、臭氧空洞（图 20-1）以及其他地理区域臭氧预测值的准确性。在高气候强迫情景下，60°S～60°N 地区的臭氧总量恢复到 1980 年水平的速度更快，因为未来 CO_2 和 CH_4 的大量增加往往会导致臭氧增加。在低气候强迫情景中，N_2O 上升引起的未来臭氧总量的下降超过了 CO_2 和 CH_4 引起的未来臭氧的少量增加。在中等气候强迫情景下的多模型平均预测值中（图 20-1 中的深橙色线），60°S～60°N 地区上空的臭氧总量预计将在 2040 年前后恢复到 1980 年的水平。

图 20-1 中的橙色阴影区域（见图注）显示了三种情景下这些模式计算的臭氧值的标准偏差范围，描绘了模式对这两个区域臭氧预测的不确定性。由于本书考虑的三种情景对未来实际温室气体丰度的敏感性，以及各化学－气候模型中的对平流层环流对温室气体情景的响应的差异，21 世纪末 60°S～60°N 地区的模型预测臭氧总量有相当大的范围。图 20-1 中的化学－气候模型模拟显示，对于南极臭氧空洞（10 月，70°S～90°S），未来臭氧总量的变化主要受 ODS 的影响，对温室气体的敏感性较低。在低气候强迫和中等气候强迫情景下，预估的臭氧总量将在 2066 年恢复到 1980 年的水平（图 20-1 中的蓝色和深橙色线）。在高气候强迫情景下，预计 70°S～90°S 地区 10 月的臭氧总量将快速恢复，并在 21 世纪中期恢复到 1980 年的水平。由于温室气体的影响，南极臭氧总量恢复到 1980 年水平的年份早于 2078 年，而 2078 年正是极地平流层 EESC 预计恢复到 1980 年水平的年份。

针对北半球中纬度地区（35°N～60°N）和南半球中纬度地区（35°S～60°S）进行的化学－气候模型模拟的多模型平均值（结果未展示）预测，在中等气候强迫情景下，臭氧总量将分别在 2035 年和 2045 年前后恢复到 1980 年的水平。在这种情景下，预测北半球中纬度地区的臭氧总量将更快恢复到 1980 年的水平，这是因为与南半球相比，北半球的臭氧对未来温室气体丰度的敏感性更高。北半球和南半球中纬度地区 EESC 预计将在 2061 年恢复到 1980 年的水平，臭氧总量恢复到 1980 年的水平要比 EESC 恢复到 1980 年水平的时间早得多。最后，在中等气候强迫情景下，对热带地区（20°S～20°N）的化学 – 气候模型模拟的多模型平均值（结果未展示）表明，直到 21 世纪末，臭氧总量仍将低于 1980 年的水平。

图 20-2 展示了 6 个地理区域未来 ODS、CO_2、CH_4 和 N_2O（标有"所有气体总和"的白线）变化对臭氧的综合影响，以及每种温室气体和所有 ODS 对臭氧的单独影响。这些对臭氧的影响是通过分别改变每种物质的丰度来确定的，同时将其他物质的丰度保持在 1960 年的水平不变。图 20-2 中显示的所有结果都是中等气候强迫 SSP2-4.5 情景下的结果，并且是基于单个化学 – 气候模型的模拟结果。因此，臭氧恢复到 1980 年水平的时间与上文所述的数值略有不同，后者是基于众多化学 – 气候模型模拟的多模型平均值。在图 20-2 中，臭氧的变化是相对于 1960 年的水平而言的，以便更清楚地显示 1980 年以前的结果。

图 20-2 所示的 6 个选定区域未来臭氧驱动因素的细分说明了预测平流层臭氧恢复的复杂性，因为不同区域对各种因素的敏感性有显著差异。

图 20-2 中描述了各地区臭氧总量在恢复到 1960 年水平时的未来变化（见图注）：

- 南极

南极地区春季（10 月）的臭氧总量变化最大。化学 – 气候模型显示，ODS 是过去和未来几十年南极臭氧损耗的主要因素。在这种情况下，未来 CO_2 和 CH_4 的增加会使臭氧增加，而未来 N_2O 的增加会使臭氧减少。所有这些对臭氧的影响都小于目前 ODS 的影响，并且 CO_2、CH_4 和 N_2O 的影响在 21 世纪后期几乎相互抵消。在考虑所有强迫的情况下，臭氧总量的变化（白线）大多与 ODS 引起的变化（深粉色阴影区域）一致。尽管南极在冬末/春初发生臭氧损耗时的气象变率会导致观测值和模式预测值出现很大差异（图 20-1），但预计在 21 世纪余下的时间里，南极臭氧总量仍将低于 1960 年的水平。

● 北极

与南极相比，北极春季（3月）的臭氧总量变化要小得多（见问题 11）。在 21 世纪中叶之后，由于 CO_2 等温室气体增加导致的大气环流的加强以及平流层冷却增强，北极的臭氧总量将高于未来仅减少 ODS 情景下所预期的数值。在这种中等气候强迫情景下，预计北极春季臭氧总量将在 2065 年前后超过 1960 年的水平。

● 北半球和南半球中纬度地区

中纬度地区臭氧总量年平均值的变化远小于极地地区春季的损失。在北半球中纬度地区，所有强迫模拟（白线）表明臭氧总量将在 2045 年前后恢复到 1960 年的水平，尽管直到 21 世纪末 EESC 仍高于 1960 年的水平。在南半球中纬度地区，臭氧总量将在 2085 年前后恢复到 1960 年的水平，这比北半球的预测晚了约 40 年。南半球在 2000 年前后的最大臭氧损耗量要大得多，臭氧总量降低与 ODS 造成的损耗量关联更强。这种现象反映了南极臭氧空洞对南半球中纬度地区的影响，这种影响是由春末极地涡旋解体后消耗臭氧的空气输送所引起的（见问题 10）。与仅由 ODS 引起的臭氧损耗（深粉色阴影区域）相比，在考虑了所有强迫的情况下（白线），21 世纪中叶到 21 世纪末的中纬度臭氧总量值较大，这反映了在这种中等气候强迫情景下，尤其是在北半球，CO_2 和 CH_4 对平流层环流和高层温度变化的影响。

● 热带地区

热带地区的臭氧总量的变化小于其他任何地区。在热带大气层中，臭氧对 ODS 的敏感性较低，这是因为生成和输送过程在控制臭氧方面起着主导作用，而且该地区的反应性卤素含量较低（见问题 12）。臭氧总量在 2060 年前后逐渐增加，然后直到 21 世纪末保持稳定并略低于 1960 年的水平。在 21 世纪后半期，热带臭氧的数值几乎保持不变，这主要是由于气候变化引起的平流层环流加强，导致臭氧从热带地区向中纬度地区迁移。如上所述，这种环流变化也会影响北极和中纬度地区。

- 全球

预计全球（60°S～60°N）臭氧总量的年平均值将在 2075 年前后恢复到 1960 年的水平，尽管直到 21 世纪末，EESC 仍高于其 1960 年的值。化学 – 气候模型分析表明，臭氧总量相对于 EESC 的早期恢复以及 21 世纪末的上升，主要是由温室气体增加导致的平流层上部冷却和平流层环流加强造成的。21 世纪下半叶，N_2O 丰度的增加可能会比 ODS（深粉色阴影区域）导致更多的臭氧损耗（深紫色阴影区域）。

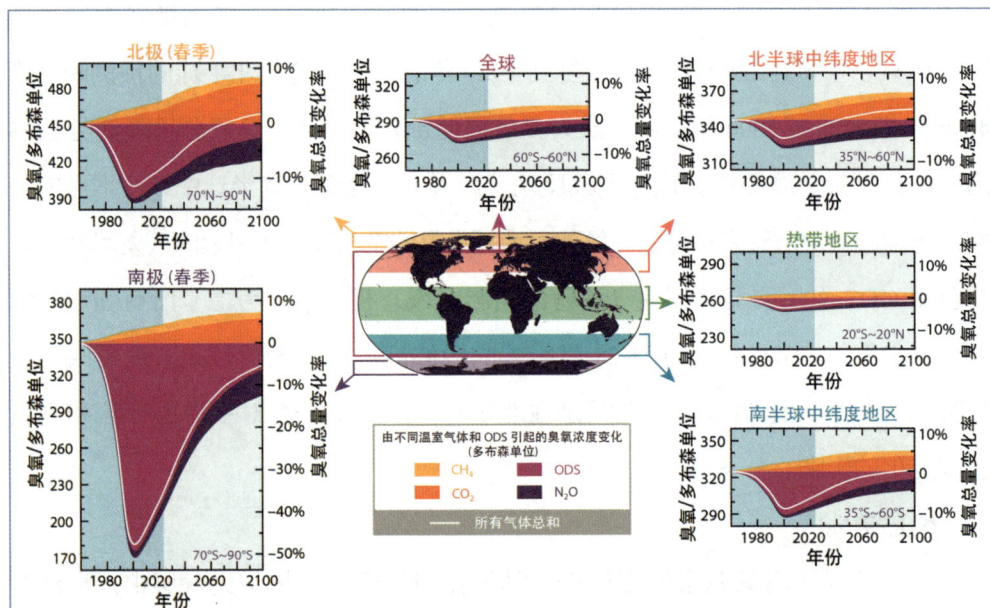

图 20-2　消耗臭氧层物质和温室气体变化引起的臭氧总量变化

单个化学 – 气候模型的模拟结果显示了臭氧总量对自 1960 年开始的温室气体 CO_2、CH_4 和 N_2O 以及 ODS 丰度的单一变化的敏感性。图中显示了极地地区春季（北极地区为 3 月，南极地区为 10 月），热带地区，南、北半球中纬度地区以及极地地区以外全球平均值（"全球"）的臭氧总量变化（多布森单位）。实心阴影区域说明了每种特定气体（或某类 ODS 气体）对臭氧总量的影响，1960 年臭氧水平以下为负影响，以上为正影响。这些模拟使用了图 20-1 中中等气候强迫（SSP2–4.5）情景下的 CO_2、CH_4 和 N_2O。温室气体和 ODS 的丰度是单独变化的，而其他气体的丰度则保持 1960 年的水平不变，以计算各成分对先前和预测的臭氧总量的贡献。CO_2 的增加导致整个平流层的温度降低。较低的温度会降低大多数臭氧损耗化学反应的速率，尤其是那些调节极地地区以外臭氧丰度的化学反应，从而导致臭氧增加。CO_2 的增加也会加强平流层风将臭氧从热带地区向中高纬度地区的输送。CH_4 的增加会导致平流层化学变化，从而加剧平流层冷却所导致的臭氧的增加。相反，由于化学效应，预计未来 N_2O 的增加会导致臭氧显著减少。随着 21 世纪末大气中 ODS 丰度的下降，由 N_2O 增加所导致的臭氧减少可能会变得更加突出。各图中的白色"所有气体总和"线表示 CO_2、CH_4、N_2O 和 ODS 对臭氧的综合影响。

未来的紫外线辐射

对臭氧总量长期变化的预测可用于估算到达地球表面的太阳紫外线（UV）辐射的长期变化（见问题 16）。UV 辐射（见问题 2）中的 UV-B 部分会随着臭氧总量的增加而减少。根据化学 – 气候模型预测的臭氧增加情况，预计到 21 世纪末，全球大部分地区的晴空（无云）UV-B 辐射值将低于 1960 年的水平，而这些地区目前并未受到高水平的对流层空气污染的影响。预计南极的晴空 UV-B 辐射值将保持在较高水平，即使到 21 世纪末，南极的臭氧总量仍将低于 1960 年的水平。

火山、野火和气候干预

上述化学 – 气候模型预测中未包括的一些因素有可能影响未来的臭氧总量。例如，爆发性火山喷发过去曾通过增强平流层硫酸盐气溶胶层而暂时减少了全球臭氧总量（见问题 13）。在 EESC 值保持较高水平时发生的大型火山爆发预计会在几年内减少臭氧总量。这种火山爆发没有包括在图 20-1 和图 20-2 的臭氧预测中，是不确定性的另一个来源。极端野火会产生深层雷暴，称为火积云，能够将生物质燃烧产生的颗粒注入平流层。生物质燃烧颗粒由有机碳、无机成分和相当一部分黑碳组成，这些成分会增强对太阳辐射的吸收。这些生物质燃烧颗粒对臭氧层和气候的影响可能与硫酸盐气溶胶的影响大不相同。

为了减少人类活动对气候的影响，人们提出了许多气候干预（也称为地球工程）方法。一种被广泛讨论的方法是通过直接注入含硫物质，有意增加平流层中的硫酸盐气溶胶丰度，即平流层气溶胶注入（SAI）。在平流层气溶胶的丰度充分增加的情况下，注入的气溶胶将通过增强太阳光向太空的反射进而冷却地球表面。这与向平流层注入硫酸盐的火山喷发所观测到的效果类似（图13-1）。虽然平流层气溶胶注入可以减少全球变暖的一些影响，但它无法恢复过去的气候条件，而且可能会造成意想不到的副作用，包括平流层臭氧浓度的变化、臭氧空洞恢复的延迟以及大气环流的变化。通过使用硫酸盐的平流层气溶胶注入对平流层最下层的加热可能会导致更多遗留影响，包括区域地表温度和降水分布的变化。需要注入多少气溶胶以及注入的持续时间将取决于预期的气候结果、温室气体排放和脱碳行动的轨迹。平流层臭氧变化的迹象将取决于平流层气溶胶注入实施的细节以及注入时 EESC 和 N_2O 的浓度。平流层气溶胶注入通过改变温度和大气环流，从而引起的平流层水汽变化也可能影响平流层臭氧对平流层气溶胶注入的反馈。

目前正在进行研究，以确定除硫酸盐以外的适合平流层气溶胶注入的其他材料，这些材料的化学和辐射特性能够减少平流层气溶胶注入对臭氧层和平流层变暖的影响。这些研究才刚刚开始，需要对除硫酸盐以外的材料进行大量的实验室和模拟工作，才能可靠地估计它们对臭氧和平流层输送的影响。

术语简释

CCM	化学 - 气候模型（chemistry-climate model）
CFCs	氟氯化碳（chlorofluorocarbon）
CFC-11- equivalent	CFC-11 当量，衡量消耗臭氧层物质排放质量的单位，等于该 消耗臭氧层物质的实际排放质量与其臭氧消耗潜能值的乘积
CO_2-equivalent	CO_2 当量，衡量温室气体排放质量的单位，等于该温室气体的 实际排放质量与其全球变暖潜能值的乘积
DU	多布森单位（Dobson Unit）
EEAP	《蒙特利尔议定书》环境影响评估小组（Environmental Effects Assessment Panel of *the Montreal Protocol*）
EESC	等效平流层氯（equivalent effective stratospheric chlorine），是衡 量平流层中可用于消耗平流层臭氧的反应性和储存性的氯代气 体及溴代气体的总量
GHG	温室气体（greenhouse gas）
GWP	全球变暖潜能值（global warming potential），相对于排放相同 质量的二氧化碳所产生的辐射强迫而言，气体排放导致气候辐 射强迫增加的有效性度量；本书使用的所有全球升温潜能值均 以 100 年为时间尺度
halogen	卤素，构成元素周期表第 7A 族的氟元素、氯元素、溴元素、 碘元素和砹元素
halon	哈龙，一类工业化合物，至少含有一个溴原子和碳原子；可能 含有也可能不含有氯原子

HCFCs	氟氯烃（hydrochlorofluorocarbon），一类工业化合物，至少含有一个氢原子、氟原子、氯原子和碳原子
HFCs	氢氟碳化物（hydrofluorocarbons），一类工业化合物，至少含有一个氢原子、氟原子和碳原子，不含氯原子或溴原子
HFOs	氟代烯烃（hydrofluoroolefins），一类工业化合物，至少含有一个氢原子、氟原子和碳原子，不含氯原子或溴原子，还含有碳碳双键，导致这些气体在对流层中的反应比其他 HFCs 更强烈
IPCC	政府间气候变化专门委员会（Intergovernmental Panel on Climate Change）
mPa	毫帕（mPa）是压力单位；1 毫帕（mPa）等于 0.001 帕斯卡（Pa）
nm	纳米（nanometer），十亿分之一米
ODP	臭氧消耗潜能值（ozone depletion potential），一种衡量气体排放对臭氧层的损耗效果的方法，相对于与排放相同质量的 CFC-11 所造成的臭氧损耗相比
ODS	消耗臭氧层物质（ozone-depleting substance）
ppb	十亿分之一（part per billion），等于每十亿（$=10^9$）个空气分子中含有一个气体分子
ppm	百万分之一（part per million），等于每百万（$=10^6$）个空气分子中含有一个气体分子
ppt	万亿分之一（part per trillion），等于每万亿（$=10^{12}$）个空气分子中含有一个气体分子
PFCs	全氟化碳（perfluorocarbon），一类只含有碳原子和氟原子的工业化合物

PSC	极地平流层云（polar stratospheric cloud）
SAI	平流层气溶胶注入（stratospheric aerosol injection）
SAOD	平流层气溶胶光学厚度（stratospheric aerosol optical depth）
SAP	《蒙特利尔议定书》科学评估小组（Scientific Assessment Panel of *the Montreal Protocol*）
SSP	共享社会经济发展路径（Shared Socioeconomic Pathway）
TEAP	《蒙特利尔议定书》技术和经济评估小组（Technology and Economic Assessment Panel of *the Montreal Protocol*）
TFA	三氟乙酸（trifluoroacetic acid），HFCs、HCFCs 和 HFOs 的降解产物
UNEP	联合国环境规划署（United Nations Environment Programme）
UNFCCC	联合国气候变化框架公约（United Nations Framework Convention on Climate Change）
UV	紫外线辐射（ultraviolet radiation）
UV-A	波长介于 315 纳米和 400 纳米之间的紫外线辐射
UV-B	波长介于 280 纳米和 315 纳米之间的紫外线辐射
UV-C	波长介于 100 纳米和 280 纳米之间的紫外线辐射
UVI	紫外线辐射指数（ultraviolet radiation index）
WMO	世界气象组织（World Meteorological Organization）

化学式和命名法

氯代化合物		溴代化合物	
Cl	氯原子	Br	溴原子
ClO	一氧化氯	BrO	一氧化溴
(ClO)$_2$	一氧化氯二聚体,结构简式 ClOOCl	BrCl	氯化溴
		CH$_2$Br$_2$	二溴甲烷
ClONO$_2$	硝酸氯	CHBr$_3$	三溴甲烷
HCl	氯化氢	CH$_3$Br	溴甲烷
CCl$_4$	四氯化碳	CBrClF$_2$	哈龙 -1211
CH$_2$Cl$_2$	二氯甲烷	CBrF$_3$	哈龙 -1301
CH$_3$CCl$_3$	三氯乙烷	CBrF$_2$CBrF$_2$	哈龙 -2402
CH$_3$Cl	氯甲烷		
CCl$_3$F	CFC-11		
CCl$_2$F$_2$	CFC-12		
CCl$_2$FCClF$_2$	CFC-113		
CHF$_2$Cl	HCFC-22		
CH$_3$CCl$_2$F	HCFC-141b		
CH$_3$CClF$_2$	HCFC-142b		

其他卤代烃		其他气体	
CHF_3	HFC-23	CH_4	甲烷
CH_2F_2	HFC-32	CO	一氧化碳
CHF_2CF_3	HFC-125	CO_2	二氧化碳
CH_2FCF_3	HFC-134a	H	氢原子
CH_3CF_3	HFC-143a	H_2O	水蒸气
CH_3CHF_2	HFC-152a	HNO_3	硝酸
CF_4	PFC-14 四氟化碳	H_2SO_4	硫酸
C_2F_6	PFC-116 六氟乙烷	N_2	氮气
CF_3I	三氟碘甲烷	N_2O	氧化亚氮
$C_2HF_3O_2$	三氟乙酸	O	氧原子
IO	一氧化碘	O_2	氧分子
SF_6	六氟化硫	O_3	臭氧

作者和贡献者

Co-Chairs of the Scientific Assessment Panel (SAP) of *the Montreal Protocol* and Assessment Co-Chairs		
David W. Fahey	NOAA Chemical Sciences Laboratory	USA
Paul A. Newman	NASA Goddard Space Flight Center	USA
John A. Pyle	University of Cambridge and the National Centre for Atmospheric Science (NCAS)	UK
Bonfils Safari	University of Rwanda, College of Science and Technology	Rwanda

Lead Author		
Ross J. Salawitch	University of Maryland, College Park	USA

Authors		
Laura A. McBride	Albright College	USA
Chelsea R. Thompson	NOAA Chemical Sciences Laboratory	USA
Eric L. Fleming	Science Systems and Applications, Inc. (SSAI) at NASA Goddard Space Flight Center	USA
Richard L. McKenzie	National Institute of Water and Atmospheric Research (NIWA)	New Zealand
Karen H. Rosenlof	NOAA Chemical Sciences Laboratory	USA
Sarah J. Doherty	University of Colorado, Cooperative Institute for Research in Environmental Sciences (CIRES) at NOAA Chemical Sciences Laboratory	USA
David W. Fahey	NOAA Chemical Sciences Laboratory	USA

Contributing Authors		
Simon Alexander	Australian Antarctic Division	Australia
Germar Bernhard	Biospherical Instruments, Inc.	USA
Lucy Carpenter	University of York	UK
Gabriel Chiodo	ETH Zürich, Institute for Atmospheric and Climate Science	Switzerland
Robert Damadeo	NASA Langley Research Center	USA
John S. Daniel	NOAA Chemical Sciences Laboratory	USA
Sean Davis	NOAA Chemical Sciences Laboratory	USA
Vitali Fioletov	Environment and Climate Change Canada	Canada
Hella Garny	Deutsches Zentrum für Luft und Raumfahrt (DLR), Institut für Physik der Atmosphäre (IPA)	Germany
Brad Hall	NOAA Global Monitoring Laboratory	USA
Birgit Hassler	Deutsches Zentrum für Luft und Raumfahrt (DLR), Institut für Physik der Atmosphäre (IPA)	Germany
James Haywood	University of Exeter and Met Office Hadley Centre	UK
Lei Hu	University of Colorado, Cooperative Institute for Research in Environmental Sciences (CIRES) at NOAA Global Monitoring Laboratory	USA
Yue Jia	University of Colorado, Cooperative Institute for Research in Environmental Sciences (CIRES) at NOAA Chemical Sciences Laboratory	USA
Bryan Johnson	NOAA Global Monitoring Laboratory	USA
James Keeble	University of Cambridge, Department of Chemistry	UK
Johannes C. Laube	Forschungszentrum Jülich, Institute for Energy and Climate Research: Stratosphere (IEK-7)	Germany
Eric Nash	Science Systems and Applications, Inc. (SSAI) at NASA Goddard Space Flight Center	USA
Stefan Reimann	Swiss Federal Laboratories for Materials Science and Technology (Empa)	Switzerland
Matt Rigby	University of Bristol, School of Chemistry	UK
Michelle L. Santee	NASA Jet Propulsion Laboratory, California Institute of Technology	USA
Susan Tegtmeier	University of Saskatchewan, Institute of Space and Atmospheric Studies	Canada
Simon Tilmes	National Center for Atmospheric Research (NCAR), Atmospheric Chemistry Observations & Modeling	USA
Walter Tribett	University of Maryland, College Park	USA
Guus J. M. Velders	National Institute for Public Health and the Environment (RIVM) & Utrecht University	Netherlands
Peter von der Gathen	Alfred Wegener Institute, Helmholtz Centre for Polar and Marine Research	Germany
Krzysztof Wargan	Science Systems and Applications Inc. (SSAI) at NASA Goddard Space Flight Center	USA
Mark Weber	Universität Bremen, Institute of Environmental Physics	Germany
Paul Young	Lancaster University	UK

　　《20 个关于臭氧层的问题与答案（2022 年更新版)》是《臭氧损耗科学评估：2022 年》报告的组成部分。该报告由《蒙特利尔议定书》科学评估小组（SAP）每 4 年编写一次。出版本书的目的是介绍臭氧损耗、消耗臭氧层物质以及《蒙特利尔议定书》取得的成就。本次更新恰逢 1987 年《蒙特利尔议定书》签署 35 周年。

　　首席作者：Ross J. Salawitch

　　共同作者：Laura A. McBride, Chelsea R. Thompson, Eric L. Fleming, Richard L. McKenzie, Karen H. Rosenlof, Sarah J. Doherty, David W. Fahey